本书出版受到湖北省高等学校哲学社会科学研究重大项目（省社科基金前期资助项目）"基于省情大数据集成的湖北省生态环境经济形势分析技术方法研究"（19ZD014)资助

湖北省生态环境经济形势分析技术方法研究

魏珊　张晓晴　周玉容　著

U0250103

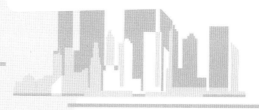

WUHAN UNIVERSITY PRESS
武汉大学出版社

图书在版编目(CIP)数据

湖北省生态环境经济形势分析技术方法研究/魏珊,张晓晴,周玉容著.
—武汉:武汉大学出版社,2022.4
ISBN 978-7-307-23012-5

Ⅰ.湖⋯　Ⅱ.①魏⋯　②张⋯　③周⋯　Ⅲ.区域生态环境—关系—区域经济—经济分析—研究—湖北　Ⅳ.①X321.263　②F127.63

中国版本图书馆 CIP 数据核字(2022)第 053155 号

责任编辑:唐　伟　　　责任校对:汪欣怡　　　版式设计:马　佳

出版发行:**武汉大学出版社**　(430072　武昌　珞珈山)
(电子邮箱:cbs22@whu.edu.cn　网址:www.wdp.com.cn)
印刷:武汉邮科印务有限公司
开本:720×1000　1/16　印张:12　字数:193 千字　插页:1
版次:2022 年 4 月第 1 版　2022 年 4 月第 1 次印刷
ISBN 978-7-307-23012-5　　定价:49.00 元

前　　言

随着计算机、手机和其他智能电子终端设备的普及，以及互联网的发展，当代社会已经进入信息大爆炸的时代。在这个信息大爆炸的时代，天天各种海量的信息都在展示各行各业正在发生的事情及其趋势。如果不采取科学和有效的手段对这些大数据进行处理，就无法知晓这些事情发生、发展的基本规律，就无法实现技术为社会经济建设服务的目标，更好造福人类。

在生态环境和经济建设方面也是如此。人们每天的日常生活构成的经济生活，无时无刻不在对生态环境产生影响。一个典型的影响就是人类各项活动都需要能源，这些能源大部分都是因为燃烧化石能源所形成，会产生大量的温室气体，如二氧化碳（CO_2）、甲烷等，对全球气候及生态环境造成深远的影响。尽管知晓化石能源对生态环境的影响，人类现有技术水平之下，居然无法摆脱化石能源的使用，原因在于煤炭、石油、天然气等化石能源在当前的世界各地的能源结构中占据着绝大部分比例，而核能、太阳能、风能等清洁能源的比重相对较小。造成人类社会如果要发展经济，就必须向大气中排放温室气体，最终因为生态环境变坏，而反噬人类的社会经济建设本身，对人类自身的生存和发展造成影响。

尽管人类社会为了发展经济而不得不向空气中排放二氧化碳，人类事实上也在积极采取各种措施应对气候变化，如综合性的经济和财政政策，调整社会经济结构，具体而言如利用高效率的生产技术替代落后的高耗能生产技术，引导全民参与低能源的生活消费方式替代过去高能源的生活方式，这些都有利于提高能源的利用效率，积极促进二氧化碳总量的减排，从而达到碳达峰，最终实现碳中和的目标。

总之，人类并不是看到因为无法调节和被动看着生态环境继续恶化，并且无所作为，而是充分发挥人类的智慧，解决协调现实的人口-资源和环境之间的矛盾，并最终实现经济发展和环境问题可持续发展。

为了实现人口、资源、环境三者之间的可持续发展问题，一个重要的手段，就是必须厘清当前人类社会中生态环境和经济发展之间的复杂关系。更进一步，在当代通信技术和信息技术大发展的今天，各种大数据处理技术的发展和云计算的发展已经为进行经济和生态环境的发展状态提供大量丰富的数据资源，这为动态监测及解析二者之间关系提供数据来源。现代社会已经为对自身发展过程中的各种状态进行监测提供了深厚的物质和技术基础。基于生态环境和经济发展的大数据，通过设计和运行生态环境-经济系统之间的系统仿真，可以对生态环境参数变化对经济的影响以及经济运行参数对环境的影响进行实时跟踪，并对跟踪信息进行评估，最终为进一步进行经济决策和环境决策提供参考依据。

正是基于上述原因，本研究立足于在湖北省省域范围内，通过构造生态环境和经济运行的大数据采集系统，并设计出社会经济形势运行的仿真系统，形成大数据背景之下湖北省省域生态环境和经济形势的技术分析方法集。这种方法集包括三个方面构成：一个构造出湖北省省域经济和生态环境的大数据采集系统，通过对经济和生态环境的大数据采集工作为进行监测提供依据。第二个是构造出经济和生态环境之间的系统动力学仿真系统，通过该系统，对生态环境和经济之间的运行状态进行拟合，在此基础上，对湖北省生态环境和经济发展之间的状态进行实时跟踪。第三个是对社会经济运行结果的评估方法集合，包括对于生态环境中的二氧化碳排放引发的省内的分类聚类、政策评估、空间效应、参数拐点分析、环境效率影响、影响因素分析、文献研究等技术方法的运用和示例。通过上述方法最终完成对湖北省生态环境经济发展形势之间的综合判断，并采取措施使得社会、生态、经济走上良性循环的发展之路。

本书各章节的撰写者来自于武汉大学经济与管理学院人口·资源·环境经济研究中心、武汉大学两型社会研究院、武汉大学经济研究所、武汉科技大学资源与环境工程学院、武汉大学中南医院、澳门城市大学国际旅游与管理学院。本书得到了湖北省高等学校哲学社会科学研究项目"基于省情大数据集成的湖北省生态环境经济形势分析技术方法研究"（19ZD014）的支持。各个章节的具体写作人员为：魏珊（第一章），魏珊（第二章），余远、魏珊（第三章），张晓晴、李雅（第四章），童梦思、计若琳（第五章），魏佳妮、袁坤林（第六章），周玉容、张简妮

(第七章)，周玉容、骆兰翎(第八章)，张晓晴、崔晓冬(第九章)，方冰、臧琦(第十章)。

对于湖北省生生态环境经济形势分析技术方法的研究，本书所作的研究只是一个抛砖引玉的过程，错误和缺点在所难免，希望获得专家和学者的批评与指正。

魏珊

2021 年 9 月

目　　录

第一章 绪 论

一、问题的提出

从党的十一届三中全会确定并实施改革开放政策以来，政策在经济上的聚焦让中国在经济增长上取得了长足的进步。尽管从那时到现在，中国经济发展经历了诸多困难，但是在过去的很多年之中，中国经济长期维持着两位数的经济增长率，创造了世界经济发展史上的奇迹。经济总量从改革开放政策的初期，经济总量在全球排名中相当靠后的位置，到今天发展成为了全球第二大经济体。经济上的成功也促进了中国各项社会事业的全面进步。中国的人口预期寿命从改革开放初期的 65.4 岁，上升到 2018 年的 76.7 岁。① 孕产妇死亡率、婴儿死亡率、5 岁以下儿童死亡率分别从 20.1/10 万、8.1‰、10.7‰降至 17.8/10 万、5.6‰、7.8‰，主要健康指标总体上优于中高收入国家平均水平，个人卫生支出占卫生总费用的比重降至 28.4%。② 不仅仅在医疗领域，在教育领域的成绩也是斐然。中国已经开始实施了全民九年制义务教育。在 2000 年前后扩大了高等教育的招生规模，基本做到了高等教育从精英教育向普及教育的转变。高等教育不仅仅在培育中国急需的人才上功不可没，高校在中国科技创新和科研上的成果也是利在千秋。很多的领域从世界落后状态开始成为世界领先状态，例如中国在 5G 领域、量子通信领域、超导托卡马克人造小太阳等领域，都位于世界领先地位。

然而，中国经济上的成功，也掩盖不住中国经济增长过程中的一个重大的缺陷，就是生态环境受到了极大的破坏。生态环境的破坏包括大气污染、水污染、

---

① 数据来源：https：//wenku. baidu. com/view/b4ef3e152a4ac850ad02de80d4d8d15abe23008d. html.

② 数据来源：https：//baike. baidu. com/item/%E4%BA%BA%E5%8F%A3%E5%B9%B3%E5%9D%87%E9%A2%84%E6%9C%9F%E5%AF%BF%E5%91%BD/7626803？fr=aladdin.

1

土壤污染、重金属污染、动植物种群的灭绝等。

在水污染中，根据国家环保局发布的中国环境质量公告，全国七大水系中，珠江、长江水质较好，辽河、淮河、黄河、松花江水质较差，海河污染严重。411 个地表水检测断面中，Ⅰ～Ⅲ类的断面仅占 41%，Ⅳ～Ⅴ类的断面占 32%，劣Ⅴ类水质的断面达 27%，说明已有 59%的河段不适宜作为饮用水水源。与河流相比，湖泊、水库的污染更加严重。2005 年，28 个国控重点湖泊及水库中，满足Ⅱ类水质的仅有 2 个，满足Ⅲ类水质的只有 6 个；Ⅳ～Ⅴ水质的 8 个，劣Ⅴ类的竟达 12 个，即 72%的湖泊和水库已不宜作为饮用水水源，43%的湖泊和水库失去了使用功能。目前全国有 25%的地下水体遭到污染，35%的地下水源不合格；平原地区约有 54%的地下水不符合生活用水水质标准。据全国 118 个城市浅层地下水调查，城市地下水受到不同程度污染，一半以上的城市市区地下水严重污染。2005 年，全国主要城市地下水污染存在加重趋势的城市有 21 个，污染趋势减轻的城市 14 个，地下水水质基本稳定的城市 123 个，说明地下水的污染应当引起重视。①

在土壤和重金属污染方面，根据中华人民共和国原环境保护部和国土资源部发布全国土壤污染状况调查公报，全国土壤环境状况总体不容乐观，部分地区土壤污染较重，耕地土壤环境质量堪忧，工矿业废弃地土壤环境问题突出。全国土壤总的点位超标率为 16.1%，其中轻微、轻度、中度和重度污染点位比例分别为 11.2%、2.3%、1.5%和 1.1%。从土地利用类型看，耕地、林地、草地土壤点位超标率分别为 19.4%、10.0%、10.4%。从污染类型看，以无机型为主，有机型次之，复合型污染比重较小，无机污染物超标点位数占全部超标点位的 82.8%。从污染物超标情况看，镉、汞、砷、铜、铅、铬、锌、镍 8 种无机污染物点位超标率分别为 7.0%、1.6%、2.7%、2.1%、1.5%、1.1%、0.9%、4.8%；六六六、滴滴涕、多环芳烃 3 类有机污染物点位超标率分别为 0.5%、1.9%、1.4%。从污染分布情况看，南方土壤污染重于北方；长江三角洲、珠江三角洲、东北老工业基地等部分区域土壤污染问题较为突出，西南、中南地区土壤重金属超标范围较大；镉、汞、砷、铅 4 种无机污染物含量分布呈现从西北到东南、从东北到

---

① 数据来源：https：//wenku. baidu. com/view/2560d9a3284ac850ad0242af. html.

西南方向逐渐升高的态势。[①]

在大气污染方面，由于中国工业化和城镇化的推进，各种重工业得到发展的同时，重工业工厂向大气中排放了大量的污染物，例如二氧化硫、一氧化氮、二氧化氮、三氧化硫等。由于中国长期利用煤炭来产生电能，造成化石能源在中国能源结构中比重很高，即使是在 2019 年，中国的能源生产结构中，原煤占比 68.8%，原油占比 6.9%，天然气占比 5.9%，水电、核电、风电等占比 18.4%，[②] 原煤和石油两者石化能源的总量达到了 75% 以上。而化石能源燃烧产生了大量的二氧化碳气体的排放，目前国际公认二氧化碳温室气体的排放是造成全球气候变化的主要原因。工业生产中产生的硫化物和氮化物在排入大气之后，形水蒸气进行结合之后，形成了酸性水分，最终形成酸雨，降落到地球上，对土壤进行了腐蚀，影响着地表植物的正常生长，对农业的生产造成了危害和损失。

尽管影响生态环境的多个因素都会对人类社会的生产和生活造成影响。但是单纯从经济角度来说，影响人类社会最大的还是碳排放。原因在于，碳排放涉及的是人类社会能源的使用问题，由于能源的使用，人类不得不向大气中排放各种温室气体，例如二氧化碳、甲烷等。到目前为止，世界上主要国家中石化能源在整体国家能源结构中占据着绝对的地位。人类社会要生存和发展，离不开能源的使用，在当前的技术状态之下，离不开石化能源的使用。如果停止石化能源的使用，人类社会的正常生产和生活将全部停止。新能源各有弊端，在短期之内无法做到对石化能源的完全替代。例如核能，在日本 2011 年 3 月 11 日海啸引发了福岛核电站核泄漏之后，德国甚至计划因为安全原因要全部关停国内的核电站，核电站的安全问题一直让人放心不下。风能只适合风力充足的地方，而且在其他地方发电不是非常稳定。光伏太阳能在沙漠地带的效果更好一点，在其他地方的发电效率会降低。新能源的上述种种弊端可以对石化能源形成补充，但是到今天还无法根本动摇石化能源在一个国家能源结构中的核心地位。但是要使用石化能源，生产石化能源形成的二氧化碳的排放就无法避免。

最终这里形成了一个完整的循环过程，要发展经济，就必须依赖于石化能源

---

① 环境保护部和国土资源部. 全国土壤污染状况调查公报[EB/OL]. http://www.mee. gov.cn/gkml/sthjbgw/qt/201404/t20140417_270670.htm.

② 数据来源：http://www.cinic.org.cn/sj/sdxz/shengchanny/817661.html.

的使用,使用石化能源就要向大气排放二氧化碳,二氧化碳作为温室气体会影响
气候的变化,引发生态环境的变化,对经济增长产生影响(见图1-1)。这个动态
反馈过程一直进行下去,使得生态-经济之间构成了一个相互耦合的、彼此相互
影响的体系。

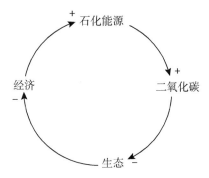

图1-1 生态环境和经济增长之间的动态反馈图

　　这种循环关系使得要研究经济和生态之间的关系,就绕不开二氧化碳的排放
问题。二氧化碳排放通过能源问题与经济发展相关联,它也因为其本身是温室气
体而最终对生态环境造成影响。而其他的生态影响问题,例如土壤污染、水污染
的问题,尽管也会对经济造成影响,但是它们的影响与能源对经济的影响而言,
不是直接的影响,这种间接影响产生的时效和传导周期一般比较缓慢。更加重要
的是,碳的循环是生态系统中的主要循环形态,碳是自然中在生物圈和非生物圈
之间传递的主要媒介,成为沟通生物圈和非生物圈的桥梁和纽带,它也通过生物
圈中的食物链进行传递。碳循环在生态圈中居于如此重要位置(碳循环的示意图
见图1-2),使得其他诸如土壤污染、水污染等污染对人类社会经济发展的影响成
为了次要矛盾和矛盾的次要方面。因此,本研究在研究生态环境的时候,主要把
碳排放作为生态环境的表征标量。通过研究碳排放的状态,对生态环境的状态进
行评估。

　　鉴于这个事实,要分析生态环境与经济增长的问题,只能以二氧化碳的排放
作为中间变量来进行。还有一个现实问题是,在人类社会当前的能源结构中,在
短期内是无法实现快速调整能源结构的状态的。在此种情况之下,要预测经济增
长和生态环境之间的动态变化形势,只能在社会宏观背景之下,构造系统仿真模

型。依托这个模型，以及系统内部的相互作用关系，对经济和生态环境之间的状态和趋势进行仿真，并依靠现代大数据的技术手段，实时反映出来，从而对模型内部的变量进行调控，最终实现国家预定的社会经济目标。

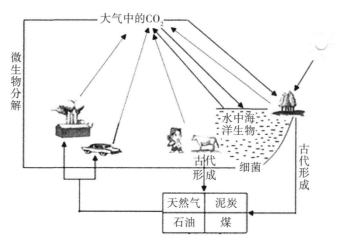

图 1-2　碳循环示意图

资料来源：http：//www.1010jiajiao.com/czhx/shiti_id_fb298a2248c06cad8192d8f9e0a8e7f7.

　　在上述背景之下，本研究定位于依托现代大数据的技术手段，构造一个以二氧化碳排放为核心变量的、能够对生态环境和经济变化之间关系进行动态实时反馈的仿真模型，为进行相应的政府调控政策服务。这是一个方面。另一个方面就是经济和生态环境中的相互关系之间的各种技术手段运用问题，例如政策评估、拐点判断、影响因素分析、分类聚类、空间效应等技术手段运用的基本原理和具体使用方法的归纳和总结。通过上述方式构造了一个可以对生态和经济进行全方面监测、评估、分类、拐点判断的完整技术分析方法工具箱。依托这个工具箱，为实现经济和生态之间协调发展服务。为了克服由于中国地域广阔，无法依靠一个模型做到面面俱到的缺陷，在本研究中，模型和数据都限定于湖北的状态，也就是说，模型及其数据都基于湖北省省域、省情的状态。

二、研究的意义

　　古典经济学和新古典经济学，都把劳动、资本和资源等生产要素的投入作为经济增长的必要条件，没有生产要素的投入，就没有经济增长。然而从图1-1可以清晰看到，要实现经济增长，至少必须投入能源，但是随着投入的能源增加，最终排放的二氧化碳引发的生态破坏会影响往经济体系中持续投入要素，经济增长不可持续。

因此，要实现经济增长，不仅仅是要素投入的问题。第一个方面要素本身是稀缺的，并不是可以做到无限投入的，要素投入总有穷尽的时候，这就导致当要素投入不足时，经济增长出现停滞的局面；第二个方面要素投入受到边际报酬递减规律的约束，生产要素投入本身的效果会最后向负面效果演变，形成要素投入得不偿失的结果，经济增长无法持续；第三个方面是要素投入经济系统时，经济系统转化效率的不同会引发要素投入的损耗，也就使得要素投入促进经济增长的效果大打折扣。因此，即使是能源，也不是单纯投入就可以实现经济增长，需要考察要素投入本身和经济系统的产出之间的关系，从系统论的角度、从宏观角度把握，才可以理清产业结构、生态环境和经济增长三者之间的关系，从而对经济发展的方向和程度进行科学的度量和评估，从而得出科学合理的结论。

事实上，当前中国经济增长要素投入中，人口红利减少、环境污染引发的环境容量下降等各种问题都使得中国经济过去长时间的高增长率受到了挑战。2017年，中国经济的增长率是6.9%，与过去动辄两位数的经济增长相比，已经下降了很多，其中要素投入不足是一个很重要的原因，中国很多地方出现的"用工荒"就是中国劳动力投入出现不足的一个清晰的写照。

因此，要实现经济高质量的发展，就必须综合考虑人口、资源、环境之间的耦合关系，从系统论的角度对人口、资源和环境进行整体考虑，分析出它们的内在联系，才可以对环境在经济增长过程中的作用和功能进行评价，进而评估和提出科学的政策建议与对策。

湖北省作为中国中部承接东西南北的枢纽型省份，当前正在进行着经济结构的调整和产业的升级，对于环境保护和经济增长之间内在规律的把握更加具有迫切性。从整体看，找到和探寻出与现实相吻合的环境经济模型，是认识和了解环境保护和经济增长之间关系的钥匙。

鉴于此，以"基于省情大数据集成的湖北省生态环境经济形势分析技术方法研究"是一个非常有现实性和紧迫性的研究课题。对技术方法的研究是认识现实的基础。好的模型不仅具有对现实的认识功能,更能够对未来的发展趋势进行前瞻性评估。好的工具是认识事情的基础,是进行状态评估的基本条件,是进行政策制定的向导。

要实现这个目标,在本研究中,我们将利用系统动力学(system dynamics)的研究方法,构造湖北省的社会经济环境的动力演化模型,对湖北省经济和环境的运行关系进行拟合,解释其内在的运动规律。其中模型的各个参数的确定,将通过自上而下组织系统采集到相关数据得到大数据,通过对湖北省境内的大数据进行分析,进而探寻出湖北省经济发展的确定参数,对现实进行仿真。

该模型具有如下意义:

(1)仿真功能。对湖北省的社会经济发展以及环境之间的关系进行仿真,拟合湖北省境内,经济发展和环境之间的运行状态,并提供可视化演进过程。通过仿真的状态,可以直接了解环境和经济匹配的情况,它是对现实的拟合。

(2)评估功能。通过仿真分析能够发现系统中环境和经济之间的矛盾和冲突,对现状的形势可以进行评估,形成对于发展态势的深刻认识。

(3)发现功能。通过对该系统的运行,可以找到制约环境-经济运行过程中的核心要素和关键环节,并通过对关键环节和核心要素的约束和激励,从而更加清晰地认识到事物演进的基本规律。

(4)控制功能。通过对该系统的仿真的基本结论,结合国家对于湖北省社会经济发展的总体要求,可以迅速找到解决问题的关键环节,并通过对关键环节的控制,迅速实现对总体目标的衔接。

(5)指导功能。该功能是上述功能的综合,通过对于仿真过程中问题的发现和控制,可以制定出有针对性的、科学的、完整的政策措施,对未来的发展提供前瞻性的指导。通过上述四项功能的综合运用,最终完成对政策的调控或者任务目标的重新设定,以期待更好满足经济增长的要求。

三、国内外研究现状

通过对中国期刊网、维普期刊网、万方数据库等学术期刊有关生态环境经济形势分析技术方法的成果检索分析,本书认为当前的研究大致分为两个部分:第一部分是关于生态环境分析技术方法的研究。第二部分是关于经济形势分析技术方法的研究。

(一)生态环境技术方法的研究

生态环境技术分析方法的研究大致分成两类:

(1)关于特定生态环境的技术方法的研究。例如,刘通建立了一个资源环境的分析框架,对资源环境形势进行了分析。[①] 李灿斌等对中国矿山生态修复研究背景进行了简要分析,使用物理、化学、生物以及联合修复等方法详细分析了矿山生态修复技术,最后把相关矿山生态修复的技术运用于永州市零陵锰矿区生态修复工程上来。[②] 马晶晶等以盐城市生态保护红线区为研究对象,选用哨兵-2号卫星遥感影像进行目视解译及变化斑块提取,分析其区域内 2019—2020 年人类活动的变化趋势,卫星遥感影响解读技术具有获取数据速度快、效率高、成本低的优点,是国家生态保护红线区等动态监管和生态评估的重要支撑手段。[③] 王群等利用松嫩平原遥感影像数据设计了 FVC 指数,计算出松嫩平原生态环境图,包括 FVC 平均值分布图、FVC 差值分布图、FVC 趋势动态分布图、空间变异系数分布图,并借助 GIS 技术对松嫩平原的植被覆盖进行空间格局分析和动态分析。透过上述方法可以对松嫩平原的生态环境状态进行评估。[④] 陈利粉等采用采测分离等方式,通过强化自动监测与手工监测比对、内审外审相结合、引入电子识别系统等措施,对水资源的环境监测状态进行评估和分析。[⑤]

(2)基于已有数据的经济和生态之间相互关系的截面数据分析。例如,朱玉鑫等选取 2000 年、2005 年、2010 年和 2015 年 4 期的陕西省 107 个县(区)数据,利用单位面积生态系统服务价值和人均 GDP 构建环境经济协调度指数,分析了

① 刘通. 我国资源环境形势分析方法探析[J]. 宏观经济管理,2010(7):42-44.

② 李灿斌,闻萍. 矿山生态修复技术方法分析——以永州市零陵锰矿区为例[J]. 低碳世界,2021(8):74-75.

③ 马晶晶,吉祝美. 基于遥感影像的 2019—2020 年盐城市生态保护红线区人类活动动态分析[J]. 环境监控与预警,2021(4):18-21.

④ 王群,赵卫丽,张运鑫. 基于 FVC 指数的松嫩平原生态环境变化研究[J]. 测绘与空间地理信息,2021,44(S1):164-167.

⑤ 陈利粉,马建茹,杜惠文,何暐杰,王萍. 水环境监测质量控制问题与对策思考[J]. 绿色科技,2021,23(12):61-64.

环境经济协调度指数的时空演变特征及驱动因素。① 孙鲁运等以长株潭城市群为研究对象，依据 2008—2017 年的有关数据，对旅游经济-交通运输-生态环境协调发展和演化趋势，利用构造出来的指数进行了评估分析，基本结论认为经济-交通运输-生态环境的综合评价值的时序变化总体呈现上升趋势；三大系统实现了协调发展；但是各子系统之间没有实现协调发展；三大系统的增速均有所放缓。② 向国立等通过选取酒泉市 2010—2018 年人均 GDP、工业废水排放量、烟尘、化学需氧量、二氧化硫五项指标，建立经济增长与环境污染关系 VAR 模型，通过脉冲响应与方差分解方法来评估酒泉市经济增长与环境污染物排放之间的耦合关系。③

(二)经济形势技术方法的研究

关于经济形势技术方的研究分为两类：

(1)社会经济生活中各个特定经济行业状态之下的形势技术分析方法。这类研究主要分析各个经济行业的特定状态，利用一些与行业特点对应的分析方法进行处理。例如，张炜利用有权益分析法(SCCA)，采用时变多元 Copula 函数测度了中国 14 家上市银行 2007 年第 4 季度至 2016 年第 3 季度的系统性风险。④ 苏金梅通过对内蒙古经济发展速度进行评估的基础上，开发出了一套的指标体系和评估方法，对内蒙古的经济发展状态进行评估。⑤ 孟祥舟在全面地介绍国土资源经济形势分析的主要内容和方法的基础上，进行了国土资源形势分析指标体系构建的探讨。⑥

---

① 朱玉鑫，姚顺波. 基于生态系统服务价值变化的环境与经济协调发展研究——以陕西省为例[J]. 生态学报，2021(9)：3331-3342.

② 孙鲁运，王兆峰. 区域旅游经济-交通运输-生态环境耦合协调研究——以长株潭城市群为例[J]. 怀化学院学报，2021，40(1)：50-57.

③ 向国立，刘晓燕，张文，王贵. 酒泉市经济增长与环境污染关系实证研究[J]. 资源节约与环保，2021(2)：137-138.

④ 张炜，童中文. 中国上市商业银行系统性风险测度——基于 SCCA 方法的分析[J]. 金融与经济，2017(2)：57-63.

⑤ 苏金梅，占锋，吴公华，李战江，孙鹏哲. 内蒙古自治区经济发展速度的指标筛选及综合评价研究[J]. 内蒙古农业大学学报(自然科学版)，2012(4)：239-243.

⑥ 孟祥舟. 国土资源经济形势分析的主要内容、方法和指标体系构建探讨[J]. 青海师范大学学报(哲学社会科学版)，2009(3)：1-5.

（2）以数学技术方法为基础的宏观经济状态预测方法。这类研究以宏观经济中的某一个变量为基础，对这个变量在特定数学方法的基础上进行趋势预测分析。例如，余根钱对随机因素对经济形势分析的影响进行了分析，从数学角度提出了处理的办法。① 曾黎等编制了一个指标评价体系，利用数学上的多元统计分析方法对中国的经济运行状态进行了监测。② 吴梦云等为了解决高维数、小样本及低信噪比等原因造成现有多分类方法中存在信息量不足而导致的效果不佳问题，在典型变量回归的多分类纵向整合分析方法的基础上，提出了 ADMM 算法并进行模型优化，对中国上证 50 的多源股票中股票日收益率的状态进行了实证研究。③

（三）对国内外研究的评价

应该说，学者们对中国经济形势的分析和在生态环境领域中的技术研究是全面的、专业的。这些技术研究在生态或者经济领域内部具体子结构之间的方法运用，在生态和经济宏观领域中特定变量的处理和运用，以及在方法的种类和应用领域上，都是非常全面的、科学的和各自研究视角上的客观的。但是这些研究中，也存在如下的缺陷：

（1）这些研究基本是一些特定生态环境或者经济领域的专题研究。这些研究瞄准的都是本领域内部特定的问题。

（2）这些研究都是基于已经发生数据的截面数据分析。这些研究几乎全部采取的是对截面数据进行分析，并开发出了一系列研究手段，都是静止的研究手段。在大数据时代，事情的发生一日千里，造成在大数据时代中无法连续跟踪事情发生的状态，并对趋势进行判断。

（3）割裂了经济系统和生态系统之间的内在联系。从宇宙一体的更加宏大的视野来看，生态系统和经济系统都是自然系统的构成部分。经济系统来源于生态

---

① 余根钱 . 随机因素对经济形势分析的影响及处理方法[J]. 中国统计，2009（1）：41-42.

② 曾黎，晏小兵，龚海文 . 通过多元分析衡量我国经济运行状态[J]. 时代金融，2009（2）：4-5.

③ 吴梦云，蒋浩宇，冯士倩 . 多源高维数据的多分类纵向整合分析及应用[J]. 统计研究，2021，38（8）：132-145.

系统，最终也会对生态系统造成影响，生态系统的发展也会对经济系统造成影响，这两个系统本身是相互依存的。没有人类社会的经济系统，生态系统就没有意义。没有生态系统，人类社会就无法存在。割裂两者的相互联系，孤立研究特定系统，可能存在研究视野上的缺陷。

鉴于上述研究弊端，本研究将在大数据宏观背景之下，依托对经济系统-生态系统耦合协调发展基础认知，来考察生态系统和经济系统之中的耦合发展问题，并发展出研究两者耦合发展的技术工具和手段，一方面弥补当前研究的不足，另一个方面为政策制定提供一个分析利器。

四、研究的内容和结构

(一)本研究的主要目标

第一，构造出湖北省大数据采集的系统。在大数据的采集上，可以通过互联网的爬虫技术，例如 python 编程来实现对相关变量参数的爬取工作。但是这种方法存在很多的弊端，例如同一个参数，可能会有很多的版本，政出多门，缺乏标准和权威性。因此表面上 python 爬取大数据具有成本低、快速的优势，但是这种优势在一个涉及社会经济运行状态评估和政策制定的严肃场合，利用诸如 python 类的爬虫技术来实现对大数据的收集工作，显而易见是力不从心的。因此，对于湖北省社会经济和环境大数据的采取工作，只能依托行政体系独立进行，通过政府部门公共标准的制定，以及设置相同参数的数据仿真程序，才可以实现对大数据的采集工作。

第二，构造出具有解释能力的湖北省人口-资源-环境运行的社会动力仿真系统。该系统能够逻辑合理地解释和揭示湖北省人口变化、产业结构演进，以及环境状态和经济产出之间相互动态演绎的内在过程和联系。因此，该仿真系统基本由四个大的框架通过中间变量相互联系起来，包括：人口系统、产业系统、环境系统和经济系统，该数据仿真系统可以动态模拟社会运行的基本状态。

第三，该仿真系统能够对湖北省的环境和经济之间的相互耦合关系进行评估和评价。该仿真系统可以进行社会经济环境的敏感性分析，通过系统中各个参数的敏感性分析，可以看到参数数值变化对经济系统和环境系统的影响，据此对经济和环境的相互协调状态进行取舍和判断，并且在不断对各个参数进行敏感性分析的过程中，找到一组相对优化的、能够被社会接受的社会经济和生态环境解决方案。

第四，对湖北省各个地区的环境状态进行评估，形成湖北省各个地区社会经济-环境协调发展的状态评估全景图。该前景图既可以基于截面数据来分析，形成特定地区环境形势评估的工具，也可以基于时间序列数据分析，或者利用本书中进行的诸如门槛分析、数据包络分析、双重差分分析等工具进行综合评估，从而形成对于湖北省来自于各个地区社会经济-环境状态演进的基本状态的认知，让有关方面了解事情发生、发展的全部过程。

(二)任务需求分析

上述研究目标是基于如下任务需求确立的：

(1)环境评估的现实需求。当前湖北省的环境状态不容乐观，需要有科学的手段对经济增长和环境状态之间的关系进行监测和评估。2017年，湖北省全省监测的21个湖泊水域中水质优良符合Ⅱ至Ⅲ类标准的水域占42.9%，与2016年相比，上升4.8个百分点。但斧头湖武汉水域、张渡湖、网湖水质有所下降，分别从Ⅲ类下降至Ⅳ类、Ⅳ类下降至Ⅴ类、Ⅴ类下降至劣Ⅴ类。六项主要污染物中，二氧化硫、二氧化氮、一氧化碳、臭氧浓度均达到国家环境空气质量二级标准；细颗粒物(PM2.5)和可吸入颗粒物(PM10)年均浓度分别为49微克/立方米和77微克/立方米，较2016年分别下降9.3%和9.4%，但仍未达到国家二级标准，分别超标0.4倍和0.1倍。[①]

(2)理论整合的学科需求。尽管当前若干研究人员已经从各自的学科角度出发，形成了一些关于人口-资源-环境相互作用的系统化思想，但是这种思想要整合成为一个可操作和对实践具有指导意义的工具的状态还没有出现。而且本身人口-资源-环境-经济系统就是一个多学科交叉的复杂研究领域，需要对各个学科有关研究进行整合才可以完成。因此，本研究有助于把环境学科、资源学科、经济学科和计算机学科进行整合，形成一个观察经济协调发展背景下对环境状态进行评估的新的工具。

---

① 生态环境部，2017年湖北省环境质量状况. http：//www.hubei.gov.cn/2018/zdly/201809/t20180906_1338698.shtml.

(3)政策制定和科学决策的实用性需求。正是环境-经济之间内在规律和状态的混沌态，引发当前在环境治理中，政策制定者往往关注环境本身的情况，而没有看到环境和经济之间的相互作用过程，造成了在环境保护过程中，严格的环境保护及规制措施使得当地的经济缺乏竞争力，形成经济增长乏力的局面。如果能够对环境和经济发展相互作用过程中的变量的阈值进行科学的拟合和仿真，政策的实用性和灵活性才会出现，不至于出现动辄一刀切的简单粗暴的政策决策过程。

(三)研究内容框架

本研究的主要内容大致分为三个方面：

(1)构造大数据采集的组织管理体系。通过对当前大数据采集过程中各种手段的综合比较，构建一个适应湖北省省情的生态环境大数据采集组织系统，对该组织系统的组织原则、基本框架和具体内容进行设计。通过该组织系统形成湖北省生态环境和经济运行的数据处理中心，该中心能够反映环境与经济的关系，并提供各项政策判断。

(2)构造一个人口-资源-环境的数据仿真模型。通过对社会经济环境的相互关系的认真严肃研究，构造一个能够充分反映湖北省省域情况的人-资源-环境数据仿真系统，通过该仿真模型的运行，能够实施环境对经济以及经济对环境的各项影响模拟，并从模拟仿真的结果中，为政策规制提供政策参考依据。

(3)与数据仿真系统相匹配，提供与碳排放有关的分类、政策评价、影响因素分析、拐点判断、空间效应分析等各种技术工具运用和示例，可以作为数据仿真系统的补充。进行数据仿真之后，有关的数据可以用于政策评价、影响因素分析、空间效应分析等。本研究也通过一些案例进行展示，以此来更加清晰地把握社会经济生态环境形势分析技术的本义。

上述研究只是进行湖北省生态环境经济形势技术分析的一个整体思路。它为进行计算机编程提供了一个项目需求指南，在未来如果需要进行编程，形成湖北省社会经济环境形势分析软件系统，可以作为项目需求的指南，成为计算机编程项目需求的一个参考依据。总体上，本研究提供基于省情大数据的湖北省生态环境经济形势分析技术方法，也是为了未来能够在计算机编程上提供一个思路。

上述状态可以通过图1-3表示出来。

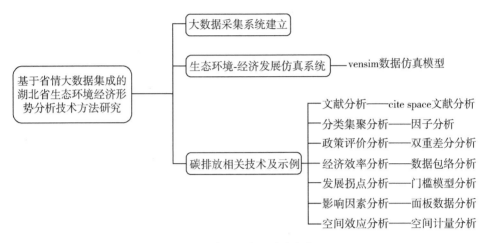

图 1-3　本书的主要内容框架

五、研究方法

本研究将综合运用定量与定性相结合的方法、归纳与演绎相结合的方法、规范的推理和逻辑演绎相结合的方法对有关主题进行研究。

详细而言，本研究的研究方法包括：

（1）文献研究的方法。文献研究具有两个作用，一个是从文献研究中引申出与本研究有关研究中的研究薄弱之处和逻辑上存在缺陷的部分，通过本研究来弥补目前现有研究成果的不足。另一个是文献研究中的若干研究思路和信息，可以成为本研究中的线索，顺着这种研究线索挖掘出符合湖北省省情的社会经济环境匹配信息，形成独立的区域信息，并为决策服务。

（2）定性研究的方法。在进行大数据采集的过程中，将充分按照定性分析的基本逻辑，对于系统建立的必要性和可行性进行深入挖掘，寻找大数据组织系统构建中的原则等，通过逻辑合理的准则，进行相关规划工作，达到以理服人的目标。

（3）定量分析的方法。在进行各种与碳排放有关的量化分析中，充分运用了数据仿真模型、门槛模型、双重差分模型、因子分析模型、数据包络分析模型、面板数据模型和空间计量经济模型等各种模型来形成多层次、多角度的对碳排放状态的考察，并依托考察的结果，提出解决问题的措施和对策。

参考文献

[1] 刘通. 我国资源环境形势分析方法探析[J]. 宏观经济管理，2010(7)：42-44.

[2] 李灿斌，闻萍. 矿山生态修复技术方法分析——以永州市零陵锰矿区为例[J]. 低碳世界，2021(8)：74-75.

[3] 马晶晶，吉祝美. 基于遥感影像的2019—2020年盐城市生态保护红线区人类活动动态分析[J]. 环境监控与预警，2021(4)：18-21.

[4] 王群，赵卫丽，张运鑫. 基于FVC指数的松嫩平原生态环境变化研究[J]. 测绘与空间地理信息，2021，44(S1)：164-167.

[5] 陈利粉，马建茹，杜惠文，何暐杰，王萍. 水环境监测质量控制问题与对策思考[J]. 绿色科技，2021，23(12)：61-64.

[6] 朱玉鑫，姚顺波. 基于生态系统服务价值变化的环境与经济协调发展研究——以陕西省为例[J]. 生态学报，2021(9)：3331-3342.

[7] 孙鲁运，王兆峰. 区域旅游经济-交通运输-生态环境耦合协调研究——以长株潭城市群为例[J]. 怀化学院学报，2021，40(1)：50-57.

[8] 向国立，刘晓燕，张文，王贵. 酒泉市经济增长与环境污染关系实证研究[J]. 资源节约与环保，2021(2)：137-138.

[9] 张炜，童中文. 中国上市商业银行系统性风险测度——基于SCCA方法的分析[J]. 金融与经济，2017(2)：57-63.

[10] 苏金梅，占锋，吴公华，李战江，孙鹏哲. 内蒙古自治区经济发展速度的指标筛选及综合评价研究[J]. 内蒙古农业大学学报(自然科学版)，2012(4)：239-243.

[11] 孟祥舟. 国土资源经济形势分析的主要内容、方法和指标体系构建探讨[J]. 青海师范大学学报(哲学社会科学版)，2009(3)：1-5.

[12] 余根钱. 随机因素对经济形势分析的影响及处理方法[J]. 中国统计，2009(1)：41-42.

[13]曾黎，晏小兵，龚海文.通过多元分析衡量我国经济运行状态[J].时代金融，2009(2)：4-5.

[14]吴梦云，蒋浩宇，冯士倩.多源高维数据的多分类纵向整合分析及应用[J].统计研究，2021，38(8)：132-145.

第二章 湖北省生态环境经济形势分析大数据系统的构建研究

一、大数据分析的必要性

随着计算机、手机和各种智能终端电子设备的普及以及互联网的发展，云计算能力的提升，大数据越来越受到人们重视。什么是大数据？麦肯锡全球研究所给出的定义是:[1] 一种规模在获取、存储、管理、分析方面大大超出了传统数据库软件工具能力范围的数据集合，具有海量的数据规模、快速的数据流转、多样的数据类型和价值密度低四大特征。IBM 把这种特种总结为 4V 特征,[2] 即，大容量(Volume)、数据类型繁多(Variety)、获取数据的速度快(Velocity)、数据的价值高(Value)。不管学者们如何定义大数据，在我们的切身感受中，我们正处在一个信息大爆炸的时代，每天打开互联网，各种各样的、各行各业的信息就呼啸而来，让人不知所措。

这种海量的信息中，包含着这个世界此时此刻正在发生的各种事件的蛛丝马迹，如果不采取科学的手段进行处理和分析，就无法知晓这些信息背后所隐藏的社会事实，从而对这些事件有所规范和防范。各种事情的发生其实都是有迹可循的，只要从海量的信息中提取和识别出事情的前因后果，我们就可以发现事情运行和发展的全部趋势，从而知晓事物运行的规律。

进行大数据分析的必要性在于:

(1)时代发展的要求，认识世界的利器。我们今天已经度过了传统的农业社

---

① https：//baike. baidu. com/item/%E5% A4% A7% E6% 95% B0% E6% 8D% AE/1356941？fr＝aladdin.

② https：//www. zhihu. com/question/45550789.

会、工业社会，进入信息社会的阶段。现代社会是一个信息高度发达、万物互联的社会。各种社会经济生态之间的新的链接的形成也意味着新的业态和新鲜事物的出现，如果能够掌握新事物的规律，就可以使其为我所用，更好地服务于社会经济生活，为人类造福。新的时代需要我们摒弃传统社会中孤立的、低频的分析方法，而采用高频、实时、动态的手段来看待和认识正在发生的事物，这个正是进行大数据分析的强项。

(2)技术手段从量变到质变的必然结果。随着计算机从单机系统向互联网发展，计算机之间开始相互链接。随着5G技术的发展，低延迟、高反应的万物互联开始进入人的生活。过去在传统社会中的千里眼、顺风耳等不可能的事情，随着互联网和物联网的出现，全部开始变成现实，人与人之间在远距离上就可以相互交流，人和物之间的互动也开始变成现实，例如，在远程就可以通过摄像头看到自己家里发生的一些动态变化，并且可以通信技术控制家庭的各种电气设备，智慧家庭从概念变成了现实。现代通信技术已经从量变进入了质变状态，人工智能、AI技术、云计算技术、区块链技术等一系列技术在社会生活中已经越来越成熟，在这种状态之下，对大数据的计算和运用的技术也开始成熟起来，并运用在社会生活的方方面面。例如通过网商大数据的分析，知道社会消费时尚的变化及其趋势，等等。

(3)社会管理的新工具。当代社会是一个高度流动性的社会，不仅仅是资金、技术的流动，还包括人的流动。通过对街面上大量的摄像头所捕捉到的大量数据进行分析，可以知道街道上的交通拥堵状态，进而通过新闻和广播的形式让其他人进行规避。这些都是在新形势下，进行社会管理的尝试。在经济发展领域同样如此，依托对经济和生态环境变量的综合处理，最终对经济和环境进行规制，促进协调发展。大数据分析已经成了当今社会管理的一个新的工具。

二、大数据采集系统方式的确立

大数据采集系统建立的必要性在于大数据在现代社会中的作用越来越大。当代社会中，人工智能、各种数据算法、云计算开始渗透到生活的方方面面。这些计算功能能够实现，在于计算机的运算速度和存储已经可以处理日常生活中产生的海量大数据。但是这些计算机算力的实现需要原材料，就是大数据，只有建立起了大数据的采集系统，能够采集到海量的大数据，云计算、人工智能等才有依托和成为现实。

大数据的来源主要有两类，一类是自下而上的数据来源，另一类是自上而下的数据来源。

（一）自下而上的数据来源

所谓自下而上的数据来源是指依托现代爬虫技术，例如 Python 技术或者一些特定公司编制的诸如火车头采集器类的爬虫软件等，在互联网上搜集相关的信息，并依托这些信息来进行政策决策。这种大数据的来源主要是从市场上自由取得。

自下而上的信息来源的缺点在于：

（1）没有权威性。这类信息由于是在市场上进行采集，因此，最终采集到的数据在格式、权威性、标准、可靠性等方面不一定会被所有人接受。在万物互联时代，几乎所有的行为人都可以是信息发布的主体，而有些信息由于发布者的层次太低而无法获得大家的认同。同时，各个信息发布者发布的同样的信息，在统计口径、指标设置上可能都存在偏差，这样造成即使利用爬虫技术能够寻找到有关的数据，但是这些数据，实际上与研究者或者实践者所需求的数据之间存在很大的距离，无法使用。

（2）不存在性。这存在三种情况：一是可能市场上根本就不存在研究者关注的信息，这样，即使利用类似 Python 类的爬虫技术，可能在市场上也无法采集到。二是有很多新的社会现象，在它的初期，在网络上相关的信息太少，而无法利用爬虫类的软件捕获到。三是由于网络安全的原因，互联网网页上的各种保护数据隐私等技术也一直在发展之中。这就造成有些信息发布体对 Python 中使用的一些提取数据的指令进行了屏蔽，而使得 Python 在爬起数据的过程中失效。大数据处理的技术一直在进化和扬弃之中。

（3）不实时。在互联网上，有些单位和个人的信息长期不进行更新，这造成利用爬虫技术采集到的数据由于时效性问题而毫无意义。

自下而上的大数据数据的优点：

（1）效率高。依托现有的互联网络，就可以迅速从网络上爬虫到自己需要的相关材料。只要有人想利用爬虫技术来获取有关数据，就可以立即实施并得到结果。

（2）成本低。利用爬虫技术，不需要调研，不需要差旅，不需要组织系统的构建，可以随时随地获取信息。这样，传统数据获取方式的各种社会经济调查，及其由此衍生出来的各种吃、住、行等调研成本全部可以节约下来。

（二）自上而下的数据来源

所谓自上而下的数据来源是指依托现代（行政）组织体系，通过统一的格式、标准和规则，有目的地从研究地采集相关数据，依托现有的互联网集中提交给数据中心统一管理和处理，数据中心根据相关数据对形势做出判断，并据此从政策箱中选择相应的政策予以社会调节和规制。

自上而下的信息来源的缺点在于：

（1）成本高。自上而下的信息来源需要构造一个网络体系来管理数据，网络体系的建立需要各种硬件设备的购置，在数据维护、运营方面都需要设置一套固定的人员构成，这些都是需要成本的。长期设置数据运行中心，其管理和运行需要成本。

（2）调整困难。在需要采集的大数据格式确立之后，进行各种指标变化或者进行指标调整，都要对组织体系内部的各个环节进行协调。这造成大数据采集系统建立之后，进行系统调整要花费很大的力气。相比之下，Python 在市场网络上采集数据，只需要一个指令就可以完成，在这方面自上而下的大数据来源获取方式无法和自下而上的大数据来源方面比。

自上而下的信息来源的优点在于：

（1）实时性。因为有组织体系的保障，对数据的采集工作可以在 5G 技术和云计算技术的支持之下执行，相关数据动态随时获得，并且依托云计算等可以立即知晓事情的状态。

（2）满足设计者的任务需求。由于有组织体系的帮助，各项参数的设计、调用、标准都是统一的，不需要在系统之外去寻找到需要的参数，大数据是全面的，可以符合设计者工作目的和需求，并最终反映设计者设计意图。

（3）权威性。一般只有政府部门和大型的私营企业因为社会目标或者企业目标的原因才有动力去开展大数据的采集、组织管理、实施和运营。这些组织由于公权力或者规模、社会影响等，所取得的数据能够获得使用者的认可。

（4）规则和格式统一。自上而下构造的大数据信息来源，由于有组织机构在维护，因此在设立大数据收集平台的过程中，对于数据的格式、规则就有统一规划，这样，最终获得的数据在格式上是统一的，在数据收集、报送等方面都有统一的规范，在数据的可获得性、稳定性等方面都是有保障的。

自上而下大数据来源和自下而上大数据来源特征的比较见表2-1。

表2-1 不同大数据来源特征比较表

特征	自上而下的方式	自下而上的方式
数据格式	标准统一，有机构负责进行统一制定	标准可以统一，数据不唯一
数据权威	具有权威性	权威性受到质疑
数据保障性	有组织体系，可以保障	不一定保障，可能市场上搜索不到相关数据
数据时效性	有组织体系，可以保障	不一定，取决于市场主体的更新频率，如果市场主体长期不更新，会出现无法获得时效数据的缺点
成本	需要建立组织机构，成本高	通过计算机指令就可以完成，成本低

从表2-1可以看出，相对于自下而上的大数据来源方式，自上而下的大数据来源方式在诸多方面都要优于自下而上的大数据来源方式。更加重要的是，进行社会经济生态环境形势的分析、判断和政策规制是一种经济调控手段，是政府发展经济的一个方面，因此无法依赖于不稳定的市场化的大数据收集方式，只能由政府通过专门的组织体系对社会经济生态环境形势的大数据进行统一管理，成为经济管理的一个环节。这就使得在进行社会经济和生态环境的形势管理和规制方面，只能依托行政组织体系搭建一个公共平台，通过该公共平台采取相关参数，并维护和运行该系统，满足政府宏观管理经济的要求。

三、系统建设的总体思路

(一)系统总体框架

作为大数据进行分析和处理的系统,构建的基本原则包括:

(1)能够实时处理数据。首先,所有数据的采集能够自动连续完成,这要求在进行系统建设之初,基础数据的采集工作是可以连续自动进行的。其次,在后台数据处理的过程中,计算机中心能够对连续数据进行实时更新。

(2)能够对数据的结果进行自动评估。在对原始数据经过一系列处理之后,能够对最终的结果进行评判,这要求在计算机编程的过程中,建立一个评估的准则系统,基于该准则,系统能够对生态环境的变化引发的经济效果进行评估,并实时地展示其后果。

(3)结果的展示是动态和直观的。通过该展示,组织系统可以实时地看到生态环境的状态及其对经济的影响,从而为领导进行决策提供依据。而且有关的数据不仅仅是本部门管理经济的一个手段,还可以供其他经济组织调用和共享。

在上述原则的基础上,本研究构建初的大数据处理系统的总体框架见图2-1。

图2-1所展示的大数据处理系统由三个环节构成:

(1)原始数据的采集系统。它通过一系列的生态环境采集器来完成。本研究主要探讨生态环境经济形势的分析,在分析生态环境和经济形势的相互关系时,二氧化碳的排放是作为中间传递变量。二氧化碳一方面作为生态环境的表征标量,另一方面是经济发展过程中能源消耗的表征变量,由于它在经济系统和生态系统中占据重要位置,因此,在原始数据的采集中,主要是收集二氧化碳的数据来实现对生态系统和经济系统的状态判断。当然,二氧化碳的排放量只是生态和经济之间的媒介,最终生态系统和经济系统的判断是通过它们之间的系统动力结构的构造来完成。这是事情的一个方面,另一个方面是有些经济变量的采集,这个只能通过统计局来完成。在构造系统动力学模型的过程中,只需要初始变量的采取,因此,这些经济变量并不需要实时去采取,所以,原始数据的采集主要是指大气中二氧化碳数据的采集。

(2)数据的处理过程。原始数据采集之后,将通过物联网传送到数据处理中

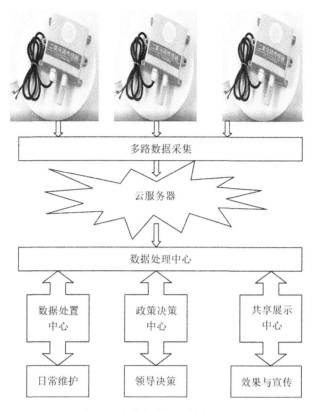

图 2-1　大数据分析系统拓扑图

心进行处理。数据处理中心具有存储、传输、实时处理计算数据的能力，它通过一系列大型计算机来完成。数据处理中心需要保障各种计算机硬件和网络硬件正常工作的能力，以及各种应急状态之下保证数据安全的备份能力。

（3）数据的运用和反馈。计算中心对数据处理之后，相关数据处理结构将会被分送到各个职能部门，从而形成对数据的运用和反馈。例如，对于领导部门，可以依据数据的状态，对社会现状进行政策规制。对于宣传部门，可以利用实时的信息状态，进行各种政策宣传和与其他部门之间进行数据共享。对于数据处置部门，可以依据数据的状态、数据的完整性，以及数据的执行情况来对网络中的各个环节进行控制。

(二)几个关键的技术问题

1. 评估准则的设立

经济系统和生态系统状态之间的关系如何判断？如何识别生态环境对经济影响的评估？经济状态对生态环境的评估，准则应该如何建立？

一般而言，要实现经济系统和生态系统关系的判断，有两种准则：

第一种是通过建立起生态系统或者经济系统的指标体系，然后用这个指标体系对经济系统或者生态系统的状态进行评估，并最终用专家意见法等类似的方法建立一个评估的准则体系来判断经济和生态之间耦合发展的状态。这种方法在当前是一个相当普遍的做法。例如，刘建华等从经济、人口、资源、环境四方面构建和谐发展水平评估指标体系，评估黄河下游河南、山东沿黄 17 个城市 2010—2018 年经济-人口-资源-环境和谐发展水平，为黄河下游和谐发展提供数据支持和政策建议。[①] 高升等在江苏海岸带资源开发中常见的五种典型的开发利用方式中选取了经济效益指标、社会效益指标、资源损耗指标、环境成本指标构成海洋开发活动综合效益评估体系，采用灰色关联法定量分析各项目以及其评价指标对综合效益的贡献程度。[②]

利用设立指标体系来评价的优点是相对简单。只需要建立指标体系，以及利用德尔菲法来实现判断准则之后，就可以对现存的经济或者生态数据进行评估。它的缺点有两个：一个缺点是利用德尔菲专家意见法来确定各个指标的权重存在人为因素干扰，形成数据被质疑的可能。另外一个缺点是无法实现数据的实时性评估，各种指标体系形成的数据都是截面数据，因此无法对经济系统和环境系统之间的耦合状态进行实时动态评估。

第二种是建立一个社会-经济-环境的系统动力学模型，利用该模型来对社会经济和生态环境的运行状态进行系统动力学仿真，通过对仿真数据及其敏感性分析的比较，最终形成最优的结果，从而对经济系统和环境系统之间的匹配状态进行评估。这种方法的优点包括：(1)需要的基础数据相对较少，不需要大规模收

---

① 刘建华，黄亮朝，左其亭. 黄河下游经济-人口-资源-环境和谐发展水平评估[J]. 资源科学，2021(2)：412-422.

② 高升，刘佰琼，徐敏. 典型海洋开发活动经济产出与资源环境综合效益评估分析[J]. 海岸工程，2017(1)：72-82.

集各种指标数据，构造指标体系。(2)因为是依据经济-生态系统内部的相互结构构造系统，它基本能够模拟社会-生态-经济发生的过程，这个比起构造指标体系评估来说，符合社会本身发展的逻辑，指标评估方法割裂了经济-生态系统内部的相互作用逻辑过程。(3)可以进行动态评估。在基础数据发生变动的情况之下，仿真系统结构决定的动力模型会引发最终变量的对应变化，这就使得这种方法可以进行动态实时评估，而不是某一个截面数据的评估过程。当然这种方法也具有一定的缺点，包括由于要构造系统及各种数据的收集，软件和硬件的建设可能会导致成本相对较高。它还存在研究者对经济社会-生态系统领悟力不够，使得仿真系统存在偏差的问题。

2. 原始数据的采集

原始数据的采集将决定数据处理的精度和评估结论的获得，是整个系统中的关键环节。当前实时的二氧化碳数据采集系统已经很成熟了，在互联网上可以搜索到，很多厂商都可以提供各种型号和规格的二氧化碳原始数据采集器。这些采集器都具有实时、连续、自动采取生态环境数据的特点。

但是在数据采集上面临的核心问题是，这些采集器在什么地方安置，以及在同一个行政单位之后，不同的采集器采集到的数据最后采取何种手段把这种分部式二氧化碳数据整合成为一个村、区、县、市，甚至省级行政单位的单一生态环境度量指标数据？换言之，二氧化碳数据采集器应该如何在空间地域上进行布置？

对于原始数据采集安置点的布置，应该遵循均衡的准则，比如在地图上大致安置网格的做法。基本做法是：

(1)首先确定采集的行政区域。在确定行政区域之后，对行政区域的范围按照比例大致相同的情况，分成面积大致相等的网格。

(2)找到各个网格中对应的行政单位，在该地区设置生态环境的数据采集器。

以湖北省省级行政单位为例，画出省级行政单位网格，就是在地图上通过等距离的水平线和垂直线的分割，把湖北省范围分成网格单位，在对网格单位进行编号的基础上，在每个网格内安置生态环境的数据采集器。

四、系统的功能构成

整个系统的功能构成分为三个部分，即数据管理部分、数据决策分析部分和贡献与展示部分。系统的功能构成状态见图2-2，各个部分的简单说明如下。

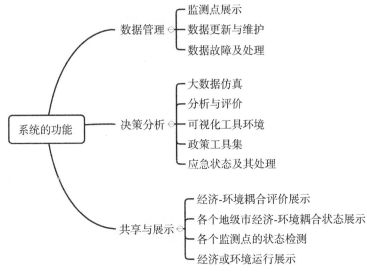

图 2-2　经济-环境形势分析系统功能框架图

(一)数据管理部分

该部分的主要功能是进行系统维护和管理，包括的主要模块是：各个监测点状态的展示；数据的更新、维护和存储；数据故障的自我检测、维护和处理。

监测点状态展示通过相关的摄像头进行，通过对监测点数据采集器的图像同步回传到服务器来实现对监测点运行状态的跟踪监测，确保数据采集器的数据的有效性。

数据的更新、存储和维护是通过备份手段来对数据形成可以历史追溯的方式进行数据的保管，让经济-环境耦合运行的状态可以进行时间序列的检索。

数据故障和处理主要对数据传输过程中线路的稳定性等进行维护和处理，保证数据在远距离传输过程中不出现错误。

(二)数据决策分析部分

数据的决策分析主要是为管理部门提供决策依据的。它包括大数据仿真系统的运行，从而形成分析和评价的依据。然后通过各种可视化工具，展示当前评价的基本结果和结论，并借助各种政策工具箱，为进行具体政策选择提供依据。

由于社会上各种突发事件的发生，在决策分析中，针对各种突发事件提供应急状态和处理的政策工具箱，为决策部门制定具体政策提供依据。

(三)共享和展示部分

共享和展示部分主要通过各种可视化的手段，形成对于环境-经济运行状态的直观展示，为进行宣传和共享服务。这些展示包括：各个监测点、地级市和省级现场环境或者经济状态的展示，以及环境-经济耦合运行状态的展示。

五、基本结论

本章通过分析大数据分析在当前社会经济中的必要性，在对自上而下数据采集和自上而下数据采集优缺点分析判断的基础上，提出了在社会经济-环境运行过程中自上而下进行大数据分析系统构造的必要性。

本章提出了大数据系统的基本拓扑结构以及该系统的功能状态，从而为正式建立从数据采集到数据处理，最终形成政策的大数据分析系统提供了一个思路和线索。

参考文献

[1]刘建华，黄亮朝，左其亭. 黄河下游经济-人口-资源-环境和谐发展水平评估[J]. 资源科学，2021(2)：412-422.

[2]高升，刘佰琼，徐敏. 典型海洋开发活动经济产出与资源环境综合效益评估分析[J]. 海岸工程，2017(1)：72-82.

[3]王文文，夫博，张诗檬. 北京矿山地质环境监测预警信息系统建设展望[J]. 城市地质，2020(3)：302-307.

[4]付晶莹，彭婷，江东. 草原资源立体观测研究进展与理论框架[J]. 资源科学，2020(10)：1932-1943.

第三章　湖北省生态环境经济形势
分析模型的构造
——基于 vensim 的生态环境经济系统动态仿真分析

一、数据仿真的由来

系统动力学（system dynamics）是 1956 年美国麻省理工学院教授福斯特（J. W. Forrester）提出的理论。该理论的基本背景是第二次世界大战以后，随着工业化进程的推进，很多国家中的社会问题日趋严重，例如城市人口剧增、失业、环境污染、资源枯竭。各种社会经济问题依靠过去的手段无法解决或者效果不彰，使得福斯特着手思考一个新的方法来处理这些问题。系统动力学能够得以发展的另一个方面在于电子计算机技术开始在社会经济生活的各个层面上广泛使用。思想和技术物质基础的成熟使得福斯特提出了系统动力学的方法。

系统动力学方法是一种系统结构性的方法。它基于系统论，吸收了控制论、信息论的精髓，成为研究领域的交叉学说。依据系统动力学理论，所有的系统都是有结构的，系统的结构决定系统的功能，并且由于系统内部组成要素互为因果的反馈特点，可以由此来发现从系统的内部结构寻找问题发生根源的方法，而不是从外部的干扰或随机事件来说明系统的行为性质。

系统动力学提出之后，便开始受到学术界和实践部门的重视。由福斯特教授等主持研究的美国国家模型，解决了经济增长中长期的一些问题，特别是揭示了经济长波的秘密。罗马俱乐部运用系统动力学的方法建立世界模型，对全球人口、工业、能源、营养水平和污染五个基本要素进行分析，基本结论是，人类生态足迹的影响使得生态反馈循环严重滞后，假如继续维持现有资源消耗和人口增长率，人类经济与人口的增长会在未来达到极限，即增长的极限。

当前，系统动力学加强了与控制理论、系统科学、突变理论、耗散结构与分叉、结构稳定性分析、灵敏度分析、统计分析、参数估计、最优化技术应用、类属结构研究、专家系统等方面的联系，在经济、能源、交通、环境、生态、生物、医学、工业、城市等领域得到广泛应用，成为了经济和社会分析的一个重要工具。

二、系统仿真建模的准备

(一)系统仿真模型建立的目标

利用模型来拟合经济系统和生态系统之间的相互作用耦合关系的目标有两个：

(1)通过仿真模型和运行的最终结果，来评估它们相互作用的效果，对社会经济政策进行评估。

(2)通过各种仿真参数的调整，在敏感性分析的基础上，探寻出不同政策对于生态系统和经济系统影响的状态，进而提出能够让经济系统和生态系统协同发展的政策和对策措施。

(二)模型假定

在本章中，对现实世界进行了一些抽象，因此模型设定之初，进行了一些模型假定：

(1)能源消费主要分为煤炭、石油、天然气、电力及其他四类。

(2)电力属于二次能源，一般通过水力和火力发电获得。能源消费中，电力和其他类能源作为二次能源，不考虑碳排放问题，否则出现重复计算。因此，假设电力及其他能源的碳排放系数为0。

(3)假设二氧化碳排放完全是由石化能源消费而产生。

(4)假设人口出生率和人口死亡率保持为2005—2016年的平均值不变，不同种类的能源消费比例、三次产业投资比例、科技投入比例在2016年之后的数值保持为2016年的数值不变。

(三)系统边界变量的确定

系统仿真模型分为经济子系统、能源子系统、碳排放子系统。其中碳排放子系统是生态系统的表征；经济子系统是经济系统的表征。能源子系统是经济系统和生态系统的链接系统。

1. 经济子系统

经济子系统的主要变量包括 GDP、GDP 增长率、GDP 增长量、社会固定资产投资额、各产业的固定资产投资额、各产业增加值及科技投入等变量。

2. 能源子系统

能源消费总量主要由生活性能源消费量和生产性能源消费量组成。生活性能源消费量由人口总量和人均生活性能源消费量决定，在提高人们在日常生活中的低碳环保意识，并适当控制人口总量的情况之下，可以在一定程度上减少生活性能源消费量。生产性能源消费量由三次产业的能源消费量构成，三次产业的能源消费量可以由三次产业的单位增加值能耗和三次产业单位增加值获得，而科研投入的多少会影响三次产业单位增加值能耗，三产单位增加值又同固定资产投资和GDP 相关。因此能源子系统主要考察的变量包括：不同种类能源的消费量及比例、能源消费总量、单位 GDP 能耗、不同产业的能源消费量及单位能耗、生产性和生活性能源消费量等。

3. 碳排放子系统

不同种类能源的消费比例及碳排放系数不一样，会产生不同的二氧化碳排放量。在碳排放子系统中，主要变量包括不同种类能源消费产生的二氧化碳排放量、不同能源的碳排放系数及碳强度等。

三、核心数据的准备

系统动力学仿真只对初始变量数据有要求，而初始仿真数据在模型设定之初就是固定的。因此，不需要对经济系统的数据进行实时采集；对于二氧化碳数据的采集有两种情况，一种是通过能源系统中各种能源的使用情况进行二氧化碳排放的分解，另一种是通过二氧化碳数据采集器进行空气二氧化碳数据的实时采集。

大数据分析，自然是通过二氧化碳空气采集进行。但是本研究为了说明数据仿真的详细做法，采取对能源系统能源使用情况二氧化碳排放分解的手段来进行。也就是说，本章进行的数据仿真是作为实时二氧化碳数据采集进行生态环境社会经济形势仿真分析的一个案例来进行。如果需要通过实时大气二氧化碳数据采集进行生态环境社会经济形势的评估和分析，只需要对仿真系统中的若干参数和变量进行调整即可。

二氧化碳排放主要来自化石燃料燃烧和水泥、石灰、钢铁等工业生产过程，世界上二氧化碳排放量多是通过化石能源消费量推算得来，本章借鉴陈诗一(2009)的方法，[①] 也主要以煤炭、石油和天然气这三种消耗量较大的一次能源为基准来核算中国工业分行业的 CO_2 排放量。

二氧化碳排放总量可以根据各种能源消费导致的二氧化碳排放估算量加和得到。具体公式如下：

$$CO_2 = \sum_{i=1}^{3} CO_{2,i} = \sum_{i=1}^{3} E_i \times NVG_i \times CEF_i \times COF_i \times (44/12)$$

其中，E 代表三种一次能源的消耗量；NCV 为三种能源的平均低位发热量(IPCC 称为净发热值)，《能源统计年鉴》附录也有参考值；CEF 为 IPCC(2006)提供的碳排放系数，没有直接提供煤炭的排放系数，而中国原煤一直以烟煤为主，占 75%~80%，无烟煤占 20% 左右。本章根据 IPPC(2006)提供的烟煤和无烟煤碳排放系数的加权平均值(80% 和 20%)来计算煤炭的碳排放系数。COF 是碳氧化因子(煤炭设定为 0.99，原油和天然气设定为 1)。44 和 12 分别为二氧化碳、碳的分子量。由于能源消耗单位的不统一，必须换算成我国能源度量的统一热量单位标准煤。各种能源折标准煤系数也由《中国能源统计年鉴》提供。其中，能源消耗数据来自中国碳排放核算数据库。

据此，可以计算出湖北省 2000—2017 年二氧化碳排放量情况。2000 年湖北省二氧化碳的排放量为 3084.432907 吨，2017 年为 8641.529048 万吨，碳排放出现了快速增长，属于"高碳排放"期。湖北省的主要能源结构在可以预见的未来，石化能源占主要比重的状态不会根本性变化，因此，随着湖北省经济持续增长，

---

① 陈诗一. 能源消耗、二氧化碳排放与中国工业的可持续发展[J]. 经济研究，2009，44(4)：41-55.

能源消费继续扩大，二氧化碳排放量将持续增加。

对湖北省 2010 年和 2017 年的碳排放进行计算之后，制作了图 3-1。在图 3-1 中，有如下特点：(1)除了武汉的碳排放量明显处于波动上升的趋势，以及襄阳的碳排放控制效果明显外，其他地区的变动幅度不大，碳排放量趋势线都相对平稳。(2)在能观察出在碳排放量的规模上，武汉的碳排放水平远远高于其他地区，说明湖北省各地区的发展水平差异较大，仍主要由武汉带动，但武汉的控制碳排放量的压力与责任也更重。

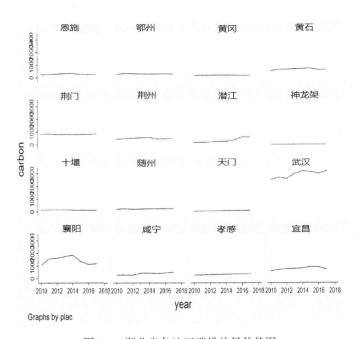

图 3-1　湖北省各地区碳排放量趋势图

四、系统动力学模型的构造

(一)系统因果关系图

生态环境经济形势仿真系统包括经济、能源和碳排放三个子系统，其因果关系图可以用图 3-2 展示出来。

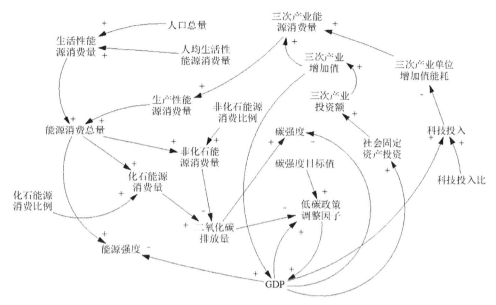

图 3-2　湖北省生态环境经济系统因果关系图

上述因果关系图中，正反馈回路 1：

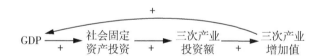

正反馈回路 2：

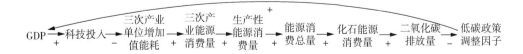

正反馈回路 3：

GDP→科技投入 三次产业 三次产 生产性 能源消 化石能源 二氧化碳 低碳政策
　　　　单位增加 业能源 能源消 费总量 消费量 排放量 调整因子
　+　 值能耗 − 消费量 + 费量 + + + −

负反馈回路4：

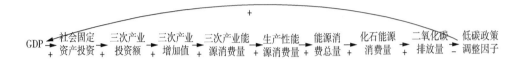

(二)系统流图

在图3-2的因果关系图的基础上，本章把图3-2转化城了系统流图(见图3-3)，来拟合湖北省2005—2025年生态环境和社会经济形势的耦合发展情况，并探讨在现有经济结构、能源结构、科技投入和居民低碳意识的前提下，湖北省能否实现低碳环保的经济发展目标，以及通过调整相关参数进行政策仿真模拟，并分析其对低碳经济发展的影响。

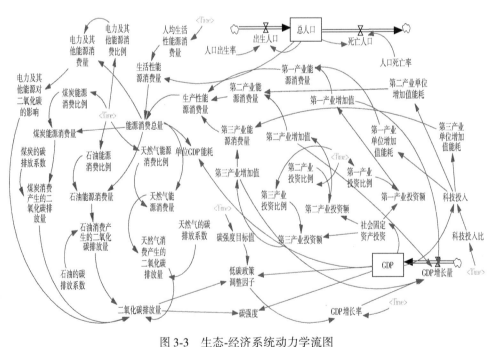

图3-3　生态-经济系统动力学流图

流图涉及人口、经济、能源、碳排放四个子系统，四个子系统相互联系、相互促进、相互制约，共同构成了复杂的低碳经济系统。各子系统中的变量如表3-1所示。

表3-1 各子系统变量汇总

人口子系统		能源子系统		碳排放子系统	
变量	单位	变量	单位	变量	单位
总人口	万人	能源消费总量	万吨标准煤	二氧化碳排放量	万吨
出生人口	万人	单位GDP能耗	吨标准煤/万元	碳强度	吨/万元
死亡人口	万人	电力及其他能源消费量	万吨标准煤	低碳政策调整因子	Dmnl
人口出生率	%	煤炭能源消费量	万吨标准煤	碳强度目标值	吨/万元
人口死亡率	%	石油能源消费量	万吨标准煤	电力及其他能源消费产生的二氧化碳排放量	万吨
		天然气能源消费量	万吨标准煤		
经济子系统		电力及其他能源消费比例	%	煤炭消费产生的二氧化碳排放量	万吨
GDP	亿元	煤炭能源消费比例	%		
GDP增长率	%	石油能源消费比例	%	石油消费产生的二氧化碳排放量	万吨
GDP增长量	亿元	天然气能源消费比例	%		
社会固定资产投资	亿元	生活性能源消费量	万吨标准煤	天然气消费产生的二氧化碳排放量	万吨
第一产业投资额	亿元	人均生活性能源消费量	万吨标准煤/万人		
第二产业投资额	亿元	生产性能源消费量	万吨标准煤	煤炭的碳排放系数	Dmnl
第三产业投资额	亿元	第一产业能源消费量	万吨标准煤	石油的碳排放系数	Dmnl
第一产业投资比例	%	第二产业能源消费量	万吨标准煤	天然气的碳排放系数	Dmnl
第二产业投资比例	%	第三产业能源消费量	万吨标准煤		
第三产业投资比例	%	第一产业单位增加值能耗	吨标准煤/万元		
第一产业增加值	亿元	第二产业单位增加值能耗	吨标准煤/万元		
第二产业增加值	亿元	第三产业单位增加值能耗	吨标准煤/万元		
第三产业增加值	亿元				
科技投入	亿元				
科技投入比	%				

其中碳强度=二氧化碳排放量/GDP，低碳政策调整因子= GDP＊碳强度目

标值/二氧化碳排放量。

(三)模型的方程及参数的确定

人口出生率、死亡率取 2005—2016 年的平均值,总人口和 GDP 的初始值取 2005 年的数值,社会固定资产投资与 GDP 的线性关系通过 OLS 回归得到,第一产业增加值与第一产业投资额的线性关系通过 OLS 回归得到,2016 年之后三产投资比例、科技投入比、各种能源消费比例维持 2016 年的水平不变,碳排放系数值参考 IPCC《国家温室气体排放清单指南》的计算方法。图 3-3 内各项关系如下所示:

关系列表:

1. INITIAL TIME = 2005　　　Units:年　　模拟的初始时间

2. FINIAL TIME = 2025　　　　Units:年　　模拟的最后时间

3. SAVEPER = TIME STEP　　　Units:年 [0,?]　　输出存储频率

4. TIME STEP = 1　　　　　　Units:年 [0,?]　　模拟的时间步长

5. 总人口 = 出生人口-死亡人口　　　Units:万人

6. 出生人口 = 总人口 * 人口出生率　　　Units:万人

7. 死亡人口 = 总人口 * 人口死亡率　　　Units:万人

8. 人口出生率 = 0.010264,2005—2016 年人口出生率平均值　　　Units:Dmnl

9. 人口死亡率 = 0.006180,2005—2016 年人口死亡率平均值　　　Units:Dmnl

10. GDP = INTEG(GDP 增长量,6590.19)　　　Units:亿元

11. GDP 增长率 = IF THEN ELSE(Time>=2016,0.085 * 低碳政策调整因子,IF THEN ELSE(Time>=2015,0.0930 * 低碳政策调整因子,IF THEN ELSE(Time>= 2014,0.0793 * 低碳政策调整因子,IF THEN ELSE(Time>=2013, 0.1044 * 低碳政策调整因子,IF THEN ELSE(Time>=2012, 0.1142 * 低碳政策调整因子,IF THEN ELSE(Time>=2011, 0.1334 * 低碳政策调整因子,IF THEN ELSE(Time>=2010, 0.2295 * 低碳政策调整因子, IF THEN ELSE(Time>=2009, 0.2320 * 低碳政策调整因子,IF THEN ELSE(Time>=2008,0.1441 * 低碳政策调整因子,IF THEN ELSE(Time>= 2007,0.2138 * 低碳政策调整因子,IF THEN ELSE(Time>=2006, 0.2253 * 低碳政策调整因子,IF THEN ELSE(Time>=2005, 0.1559 * 低碳政策调整因子,

0)))))))))))))	Units:Dmnl

注释:2017—2025 年 GDP 的增长率假设为 0.085 乘以低碳政策调整因子。

12. GDP 增长量=(第一产业增加值+第三产业增加值+第二产业增加值)*GDP 增长率	Units:亿元

13. 社会固定资产投资=1.0368*GDP-5602.61,根据 2005—2016 年数据得到的回归方程	Units:亿元

14. 第一产业投资额=社会固定资产投资*第一产业投资比例	Units:亿元

15. 第二产业投资额=社会固定资产投资*第二产业投资比例	Units:亿元

16. 第三产业投资额=社会固定资产投资*第三产业投资比例	Units:亿元

17. 第一产业投资比例=WITH LOOKUP

(Time,([(2005,0)-(2025,1)],(2005,0.0328),(2006,0.0301),(2007,0.0330),(2008,0.0399),(2009,0.0392),(2010,0.0364),(2011,0.0341),(2012,0.0318),(2013,0.0285),(2014,0.032),(2015,0.0342),(2016,0.0302),(2025,0.0302)))	Units:Dmnl

18. 第二产业投资比例=WITH LOOKUP

(Time,([(2005,0)-(2025,1)],(2005,0.3832),(2006,0.3687),(2007,0.3773),(2008,0.4043),(2009,0.3772),(2010,0.386),(2011,0.4272),(2012,0.4412),(2013,0.4427),(2014,0.4293),(2015,0.4161),(2016,0.4143),(2025,0.4143)))	Units:Dmnl

19. 第三产业投资比例=WITH LOOKUP

(Time,([(2005,0)-(2025,1)],(2005,0.5840),(2006,0.6013),(2007,0.5898),(2008,0.5558),(2009,0.5836),(2010,0.5776),(2011,0.5387),(2012,0.527),(2013,0.5289),(2014,0.5387),(2015,0.5497),(2016,0.5555),(2025,0.5555)))	Units:Dmnl

20. 第一产业增加值=2.8996*第一产业投资额+1046.576,根据 2005—2016 年数据得到的回归方程	Units:亿元

21. 第二产业增加值=1.0210*第二产业投资额+2863.587,根据 2005—2016 年数据得到的回归方程	Units:亿元

22. 第三产业增加值=0.7767*第三产业投资额+1715.178,根据 2005—2016

年数据得到的回归方程　　　　Units:亿元

23. 科研投入＝GDP＊科技投入比　　　　Units:亿元

24. 科研投入比＝WITH LOOKUP

(Time,([(2005,0)-(2025,1)],(2005,0.0128),(2006,0.0124),(2007,0.0121),(2008,0.0132),(2009,0.0165),(2010,0.0165),(2011,0.0165),(2012,0.0173),(2013,0.018),(2014,0.0187),(2015,0.0190),(2016,0.0186),(2025,0.0186)))　　Units:Dmnl

25. 能源消费总量＝生产性能源消费量+生活性能源消费量　　　　Units:万吨标准煤

26. 单位GDP能耗＝能源消费总量/GDP　　　　Units:吨标准煤/万元

27. 电力及其他能源消费量＝能源消费总量＊电力及其他能源消费比例　Units:万吨标准煤

28. 煤炭能源消费量＝能源消费总量＊煤炭能源消费比例　Units:万吨标准煤

29. 石油能源消费量＝能源消费总量＊石油能源消费比例　Units:万吨标准煤

30. 天然气能源消费量＝能源消费总量＊天然气能源消费比例　Units:万吨标准煤

31. 电力及其他能源消费比例＝WITH LOOKUP

(Time,([(2005,0)-(2025,1)],(2005,0.0926),(2006,0.0930),(2007,0.0944),(2008,0.0999),(2009,0.0998),(2010,0.1029),(2011,0.0992),(2012,0.1024),(2013,0.1234),(2014,0.1232),(2015,0.1245),(2016,0.1257),(2025,0.1257)))　　Units:Dmnl

32. 煤炭能源消费比例＝WITH LOOKUP

(Time,([(2005,0)-(2025,1)],(2005,0.6541),(2006,0.6584),(2007,0.6460),(2008,0.6305),(2009,0.6304),(2010,0.6739),(2011,0.6918),(2012,0.6836),(2013,0.6023),(2014,0.5802),(2015,0.5721),(2016,0.5676),(2025,0.5676)))　Units:Dmnl

33. 石油能源消费比例＝WITH LOOKUP

(Time,([(2005,0)-(2025,1)],(2005,0.2455),(2006,0.2410),(2007,0.2507),(2008,0.2536),(2009,0.2541),(2010,0.2068),(2011,0.1906),

（2012，0.1925），（2013，0.2480），（2014，0.2642），（2015，0.2708），（2016，0.2729），（2025，0.2729）））　　Units：Dmnl

34. 天然气能源消费比例＝WITH LOOKUP

（Time，（［（2005，0）－（2025，1）］，（2005，0.0078），（2006，0.0076），（2007，0.0089），（2008，0.0159），（2009，0.0157），（2010，0.0164），（2011，0.0184），（2012，0.0215），（2013，0.0262），（2014，0.0324），（2015，0.0326），（2016，0.0338），（2025，0.0338）））　　Units：Dmnl

35. 生活性能源消费量＝人均生活性能源消费量＊总人口　　Units：万吨标准煤

36. 人均生活性能源消费量＝WITH LOOKUP

（Time，（［（2005，0）－（2025，1）］，（2005，0.1865），（2006，0.1827），（2007，0.2083），（2008，0.2343），（2009，0.2479），（2010，0.2559），（2011，0.2544），（2012，0.2731），（2013，0.3037），（2014，0.3169），（2015，0.3319），（2016，0.3431），（2025，0.4768）））　　Units：万吨标准煤/万人

37. 生产性能源消费量＝第一产业能源消费量＋第二产业能源消费量＋第三产业能源消费量　　Units：万吨标准煤

38. 第一产业能源消费量＝第一产业增加值＊第一产业单位增加值能耗　Units：万吨标准煤

39. 第二产业能源消费量＝第二产业增加值＊第二产业单位增加值能耗　Units：万吨标准煤

40. 第三产业能源消费量＝第三产业增加值＊第三产业单位增加值能耗　Units：万吨标准煤

41. 第一产业单位增加值能耗＝WITH LOOKUP

（科技投入，（［（0，0）－（1200，1）］，（84.154，0.4269），（94.751，0.3595），（112.499，0.3060），（149.064，0.2463），（213.449，0.2563），（263.789，0.2032），（323.013，0.1701），（384.524，0.1628），（446.269，0.1628），（510.897，0.1596），（561.742，0.1465），（600.042，0.1192），（1399.30，0.0875）））　　Units：吨标准煤/万元

注释：1399.30 表示 2025 年科技投入值，0.0875 表示 2025 年第一产业单位增

加值能耗值。2025 年科技投入值根据 2025 年 GDP 乘以 2025 年科技投入比,2025
年 GDP 和科技投入比均根据 2005—2016 年数据线性回归之后得到。2025 年第一
产业单位增加值能耗根据 2025 年第一产业能源消费量除以第一产业增加值得到,
2025 年第一产业能源消费量和第一产业增加值均根据 2005—2016 年数据线性回
归之后得到。

42. 第二产业单位增加值能耗=WITH LOOKUP

(科技投入,([(0,0)-(1200,3)],(84.154,2.5315),(94.751,2.3863),
(112.499,2.1153),(149.064,1.7741),(213.449,1.5789),(263.789,1.3625),
(323.013,1.1908),(384.524,1.1225),(446.269,1.1025),(510.897,0.8549),
(561.742,0.8022),(600.042,0.7578),(1399.30,0.6286)))   Units:吨标准
煤/万元

注释:2025 年第二产业单位增加值能耗计算方法同上。

43. 第三产业单位增加值能耗=WITH LOOKUP

(科技投入,([(0,0)-(1200,1)],(84.154,0.9036),(94.751,0.8384),
(112.499,0.7758),(149.064,0.7590),(213.449,0.7245),(263.789,0.6805),
(323.013,0.6144),(384.524,0.5661),(446.269,0.5174),(510.897,0.4252),
(561.742,0.3994),(600.042,0.3841),(1399.30,0.3580)))   Units:吨标准
煤/万元

注释:2025 年第三产业单位增加值能耗计算方法同上。

44. 二氧化碳排放量=天然气消费产生的二氧化碳排放量+煤炭消费产生的二
氧化碳排放量+石油消费产生的二氧化碳排放量+电力及其他能源对二氧化碳的
影响   Units:万吨

45. 碳强度=二氧化碳排放量/GDP   Units:吨/万元

46. 低碳政策调整因子=GDP * 碳强度目标值/二氧化碳排放量[50]
Units:Dmnl

47. 碳强度目标值=WITH LOOKUP

(Time,([(2005,0)-(2025,4)],(2005,2.7167),(2006,2.6241),(2007,
2.4050),(2008,2.0029),(2009,1.8767),(2010,1.6877),(2011,1.5650),

（2012，1.3966），（2013，1.0814），（2014，0.9869），（2015，0.9076），（2016，0.8262），（2025，0.5）））　　Units：吨/万元

48. 电力及其他能源产生的二氧化碳排放量=电力及其他能源消费量*0 Units：万吨

49. 煤炭消费产生的二氧化碳排放量=煤炭能源消费量*煤炭的碳排放系数*44/12 Units：万吨

50. 石油消费产生的二氧化碳排放量=石油能源消费量*石油的碳排放系数*44/12 Units：万吨

51. 天然气消费产生的二氧化碳排放量=天然气能源消费量*天然气的碳排放系数*44/12　　　Units：万吨

52. 煤炭的碳排放系数=0.7559　　　　　　Units：Dmnl

53. 石油的碳排放系数=0.5538　　　　　　Units：Dmnl

54. 天然气的碳排放系数=0.4483　　　　　Units：Dmnl

（四）模型结构的检验、历史数据检验及误差分析

1. 结构检验

结构检验主要是对仿真系统模型进行全面深入的分析，检验系统内部的变量设置、因果关系、反馈机制、流图结构、变量量纲、模型方程等是否合理。

通过对湖北省生态环境社会经济形势仿真系统各变量之间逻辑关系的分析，碳排放量影响因素嵌入系统中。对于流图结构、量纲、模型方程等，通过 Vensim 的运行，发现程序运行正常，说明方程在反馈机制、流图结构、量纲等方面都是合理的。

2. 历史数据检验及误差分析

模型建成之后需要用历史数据对其进行有效性检验。本章选取总人口数、GDP、能源消费总量、二氧化碳排放量进行误差检验，以判断该模型能否较好地拟合现实中的真实数据。从表3-2可以看到，上述各变量真实值与模拟值之间的误差都在10%的范围内，说明系统仿真模型是有效的。

表3-2　　　　　　　　　　　　各变量真实值与模拟值对比表

年份	GDP 真实值	GDP 模拟值	误差（%）	总人口真实值	总人口模拟值	误差（%）
2005	6590	6590	0.00%	5710	5710	0.00%
2006	7617	7581	−0.47%	5693	5732	0.69%
2007	9333	9118	−2.30%	5699	5719	0.35%
2008	11329	10829	−4.41%	5711	5763	0.91%
2009	12961	13437	3.67%	5720	5749	0.51%
2010	15968	16725	4.74%	5728	5787	1.03%
2011	19632	19261	−1.89%	5758	5755	−0.05%
2012	22250	21691	−2.51%	5779	5783	0.07%
2013	24792	23938	−3.44%	5799	5810	0.19%
2014	27379	26676	−2.57%	5816	5838	0.38%
2015	29550	28541	−3.41%	5852	5866	0.24%
2016	32298	31072	−3.80%	5885	5894	0.15%
年份	能源消费总量真实值	能源消费总量模拟值	误差（%）	二氧化碳排放量真实值	二氧化碳排放量模拟值	误差（%）
2005	10082	10261	1.78%	17904	17518	−2.16%
2006	11049	11364	2.85%	19989	19943	−0.23%
2007	12143	12129	−0.12%	22447	21794	−2.91%
2008	12845	12596	−1.94%	22691	23048	1.57%
2009	13708	13315	−2.87%	24324	24876	2.27%
2010	15138	15780	4.24%	26949	26545	−1.50%
2011	16579	17638	6.39%	30724	28847	−6.11%
2012	17675	18132	2.59%	31075	30219	−2.75%
2013	18649	17049	−8.58%	26810	28125	4.90%
2014	16320	17208	5.44%	27021	27564	2.01%
2015	16404	17052	3.95%	26821	27315	1.84%
2016	16850	17780	5.52%	26686	27156	1.76%

（五）灵敏度检验

模型灵敏度的检验主要是研究当某些变量在合理范围内发生微小变动时，输出变量的变化方向是否合理。当参数 X 改变 ΔX，参数 Y 相应改变 ΔY，则灵敏度 $S = \Delta Y / \Delta X$。

本章利用煤炭消耗比重、第一产业比例、人均生活性能源消费量和科技投入比例四个变量在 2025 年的微小变化导致二氧化碳的变化量，测定模型的变量设置是否合理。

灵敏度斜率 $= (Y1 - Y2) / (3\% - (-3\%))$，其中 $Y1$、$Y2$ 分别为参数变量变化 3% 和 −3% 的情况下二氧化碳排放量的变化量。

由于四种能源消费比例之和为 1，煤炭消费比例出现微小变化时，假设天然气的消耗比例随之相应变化，从而保证约束条件成立。第一产业比例发生微小变化时，假设第三产业比例相应变化，从而使得三次产业比例之和为 1。表 3-3 即为各参数变量变化一定百分比的情况下，二氧化碳排放量相应的变化比例。

表 3-3 湖北省碳排放系统模型的参数灵敏性检验

参数名称	3%	2%	1%	−1%	−2%	−3%	灵敏度斜率
煤炭消费比例	0.155%	0.118%	0.069%	−0.064%	−0.11%	−0.148%	0.05
第一产业投资比例	0.293%	0.206%	0.119%	−0.113%	−0.194%	−0.309%	0.10
人均生活性能源消费量	0.088%	0.065%	0.044%	−0.045%	−0.067%	−0.091%	0.03
科技投入比例	−0.658%	−0.483%	−0.307%	0.315%	0.494%	0.641%	−0.217

从表 3-3 可知，煤炭消费比例、第一产业投资比例、人均生活性能源消费量的灵敏度斜率为正，科技投入比例的灵敏度斜率为负。表明随着煤炭消费比例、第一产业投资比例、人均生活性能源消费量的增加，碳排放量也会相应增加，第一产业投资比例上升 1%，碳排放量会增加 0.10% 左右。随着科技投入比例的增加，碳排放量会相应出现下降，科技投入比例上升 1%，碳排放量会下降 0.22% 左右。

通过上述变量的灵敏性检验，可以发现变量的灵敏度斜率都处在合理的范围内，从而表明系统模型的变量设置及流程图是比较合理的。

(六)系统仿真结果

本章模拟的初始状态是假设 2025 年三次产业结构、不同种类能源消费比例、科研投入比例保持 2016 年数据不变的情况下，即政府没有经济、能源、科研等方面的政策调整和改变措施，到 2025 年 GDP、二氧化碳排放量、能源消费总量、碳强度等指标的变化情况，最终的仿真结果见表 3-4。

表 3-4   **2005—2025 年各变量系统仿真模拟结果**

年份	GDP（亿元）	二氧化碳排放量（万吨）	能源消费总量（万吨标准煤）	碳强度（吨/万元）
2005	6590	17518	10261	2.6583
2006	7581	19943	11364	2.6307
2007	9118	21794	12129	2.3902
2008	10829	23048	12596	2.1284
2009	13437	24876	13315	1.8513
2010	16725	26545	15780	1.5871
2011	19261	28847	17638	1.4977
2012	21691	30219	18132	1.3932
2013	23938	28125	17049	1.1749
2014	26676	27564	17208	1.0333
2015	28541	27315	17052	0.9570
2016	31072	27156	17780	0.8740
2017	33794	27874	18354	0.8248
2018	35513	28303	18676	0.7970
2019	37348	28858	19204	0.7727
2020	39025	29719	19648	0.7615
2021	41317	31018	20072	0.7507
2022	42565	31528	19940	0.7407
2023	44290	31395	20398	0.7089
2024	45872	31982	20275	0.6972
2025	47337	32223	20497	0.6807

图 3-4 是在该系统仿真模拟下，湖北省 2005—2025 年的 GDP 仿真结果，

GDP 一直呈增长趋势，增速先是逐渐增加，之后又逐渐降低，GDP 数值从 2005 年的 6590 亿元增加到 2025 年的 47337 亿元，年均名义增长率为 10.36%。

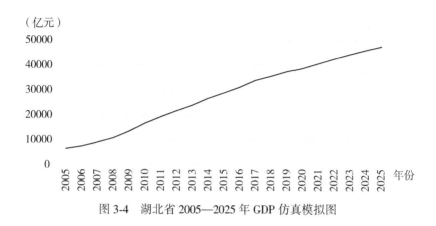

图 3-4　湖北省 2005—2025 年 GDP 仿真模拟图

图 3-5 是在该系统仿真模拟下，湖北省 2005—2025 年的二氧化碳排放量的仿真结果。可以看出，湖北省 2005—2012 年二氧化碳排放量一直呈上升趋势，2012 年达到峰值，为 30219 万吨，2012—2016 年碳排放量呈下降趋势，2016 年之后碳排放量又呈逐渐上升趋势，表明在政府的一系列政策下，湖北省的碳排放量得到了一定程度的控制，但未来还需要加大政策力度去治理碳排放。

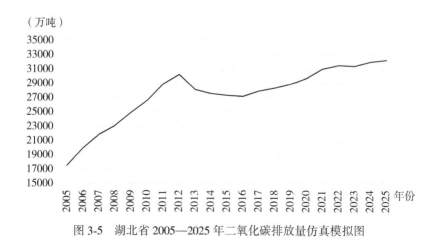

图 3-5　湖北省 2005—2025 年二氧化碳排放量仿真模拟图

图 3-6 是在该系统仿真模拟下，湖北省 2005—2025 年的能源消费总量的仿真

结果。可以看出湖北省的能源消费总量呈逐渐增加的趋势，2013年之后增加的趋势逐渐变得缓慢，到2025年每年约需消费能源20497万吨标准煤。

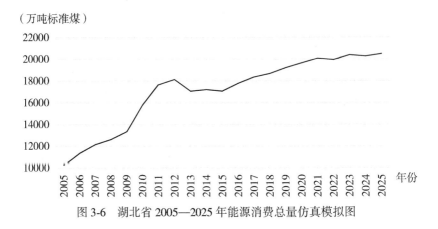

图3-6　湖北省2005—2025年能源消费总量仿真模拟图

图3-7是在该系统仿真模拟下，湖北省2005—2025年的碳强度的仿真结果。可以看出碳强度值基本呈下降的趋势，并且下降的速度越来越慢。碳强度值从2005年的2.6583吨/万元下降到2025年的0.6807吨/万元，表明湖北省的单位经济产值所产生的二氧化碳越来越少。

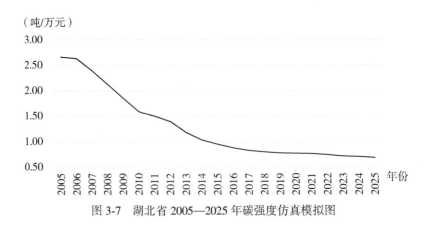

图3-7　湖北省2005—2025年碳强度仿真模拟图

五、政策敏感性仿真

根据各子系统及整体复合系统的因果关系，本章选取三次产业固定资产投资比例、各种能源消费比例、居民的人均生活性能源消费量、科技投入比作为政策变量，对生态环境经济发展系统进行模拟运行，然后对不同的政策仿真结果进行分析。根据政府的节能减排目标，① 即到 2020 年能源消费量不超过 18900 万吨标准煤，碳强度较 2015 年下降 19.5%，即降低到 0.7306 吨/万元，能源强度较 2015 年下降 16%，即降低到 0.4663 吨标准煤/万元。假设政府要求 2015 年到 2020 年 GDP 增长率要达到 7%以上。

（一）产业结构调整政策仿真模拟

2016 年湖北省三次产业固定资产投资比例分别为 3.02%、41.43%、55.55%，随着湖北省产业结构转型升级进程的持续推进，第三产业固定资产投资比重会越来越高，在中国的很多东部地区，其占比已经超过 70%，因此，政府可以通过产业政策调整促进第三产业的发展，从而减少能源消费及碳排放量。

假设 2025 年有如下情景：

1. 初始情景。表示三次产业固定资产投资比例维持在 2016 年水平，2017 年到 2024 年的数值由系统自动生成。

2. 调整情景一。表示第一产业固定资产投资比例不变，第二产业固定资产投资比例下降 5%，变为 36.43%，第三产业固定资产投资比例上升 5%，变为 60.55%。

3. 调整情景二。表示第一产业固定资产投资比例不变，第二产业固定资产投资比例下降 10%，变为 31.43%，第三产业固定资产投资比例上升 10%，变为 65.55%，则可以得到相关变量的仿真模拟结果，如图 3-8 所示。

从模型的运行结果来看，在不同的情景条件下，2005—2016 年的仿真数据都是一致的。2017—2025 年不同调整情景下，二氧化碳仍然是逐渐上升，但调整情景的碳排放量相较于初始情景有所下降。

在初始情景下，到 2020 年二氧化碳排放量约为 29719 万吨，2025 年二氧化碳排放量约为 32223 万吨。

---

① 数据来源：http://www.china-nengyuan.com/news/110872.html.

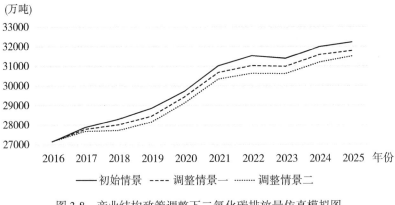

图 3-8 产业结构政策调整下二氧化碳排放量仿真模拟图

在调整情景一和情景二的情况下，到 2020 年二氧化碳排放量约为 29444 万吨、29132 万吨，比初始情景条件减少 0.93%、1.98%，到 2025 年二氧化碳排放量约为 31788 万吨、31503 万吨，比初始情景条件减少 1.35%、2.23%。未来随着产业结构的不断优化调整，碳排放量可以得到适当的控制。

2017—2025 年不同调整情景下，能源消费量呈逐渐上升的趋势，但调整情景的能源消费量相较于初始情景有所下降，能源消费总量的仿真情况见图 3-9。

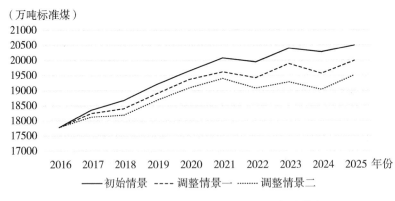

图 3-9 产业结构政策调整下能源消费总量仿真模拟图

在初始情景下，到 2020 年能源消费量约为 19648 万吨标准煤，到 2025 年能源消费量约为 20497 万吨标准煤。

在调整情景一和情景二的情况下，到 2020 年能源消费量约为 19370 万吨、

19088 万吨标准煤，比初始情景条件减少 1.41%、2.89%，到 2025 年能源消费量约为 19985 万吨、19506 万吨标准煤，比初始情景条件减少 2.50%、4.83%。

由于到 2020 年的目标是要实现能源消费量不超过 18900 万吨标准煤，无论是调整情景一还是调整情景二，都无法实现预期的约束目标。

2017—2025 年不同的调整情景下，GDP 都是呈逐渐上升的趋势，但上升的速度有所差别。GDP 仿真的情况见图 3-10。

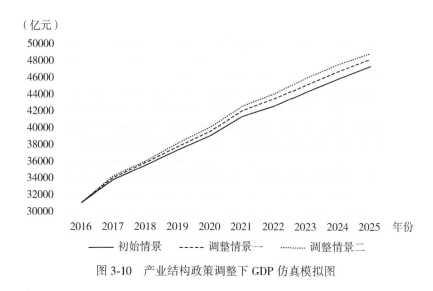

图 3-10 产业结构政策调整下 GDP 仿真模拟图

在初始情景下，到 2020 年 GDP 约为 39025 亿元，到 2025 年 GDP 约为 47337 亿元。

在调整情景一和情景二的情况下，到 2020 年 GDP 约为 39550 亿元、40061 亿元，比初始情景条件增加 1.35%、2.65%，到 2025 年 GDP 约为 48194 亿元、48885 亿元，比初始情景条件增加 1.81%、3.27%。

依据仿真结果，从 2015 年到 2020 年，三种情景条件下，GDP 的年均增长率分别为 6.46%、6.74%、7.02%。

2017—2025 年不同的调整情景下，碳强度呈逐渐下降趋势，调整情景的碳强度相较于初始情景下降得更快，碳强度的仿真情况见图 3-11。

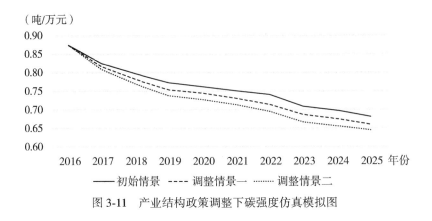

图 3-11　产业结构政策调整下碳强度仿真模拟图

在初始情景下，到 2020 年碳强度约为 0.7615 吨/万元，到 2025 年碳强度约为 0.6807 吨/万元。

在调整情景一和情景二的情况下，到 2020 年碳强度约为 0.7445 吨/万元、0.7272 吨/万元，比初始情景条件减少 2.24%、4.51%，到 2025 年碳强度约为 0.6596 吨/万元、0.6444 吨/万元，比初始情景条件减少 3.10%、5.33%。由于 2020 年碳强度目标是比 2015 年下降 19.5%，即降低到 0.7306 吨/万元。

在产业政策调整情景一的情况下，碳强度不能降低到预期目标值，而在调整情景二的情况下，碳强度能够降低到预期目标值。

总结上述状态，通过产业结构政策调整的仿真模拟结果，生态环境经济政策各目标完成情况如表 3-5 所示。

表 3-5　　　　　　　产业结构政策调整下低碳政策目标完成情况

低碳政策目标	初始情景	调整情景一	调整情景二
能源消费总量目标	未完成	未完成	未完成
碳强度目标	未完成	未完成	完成
能源强度目标	未完成	未完成	未完成
经济目标	未完成	未完成	完成

(二)能源消费结构调整政策仿真模拟

2016 年湖北省煤炭、石油、天然气、电力的消费比例分别为 56.76%、

27.29%、3.38%、12.57%，虽然湖北省煤炭消费比例在逐年下降，天然气和电力消费比例逐年上升，但能源消费还是以煤炭和石油为主，而煤炭的碳排放系数高于石油，石油的碳排放系数高于天然气，因此，在这种能源消费结构下，二氧化碳排放量依然很大。

根据湖北省能源发展"十三五"规划，到 2020 年湖北省的煤炭消费比重要控制在 54% 以内，天然气消费比重达到 6%。

假设到 2025 年，有如下情景：

1. 初始情景。表示能源消费结构维持 2016 年水平。

2. 调整情景一。表示石油消费比例不变，煤炭消费比例下降 10%，天然气和电力消费比例各上升 5%，到 2025 年煤炭、石油、天然气、电力消费比例分别为 46.76%、27.29%、8.38%、17.57%。

3. 调整情景二。表示石油消费比例不变，煤炭消费比例下降 20%，天然气和电力消费比例各上升 10%，到 2025 年煤炭、石油、天然气、电力消费比例分别为 36.76%、27.29%、13.38%、22.57%，则可以得到相关变量的仿真模拟（见图 3-12）。

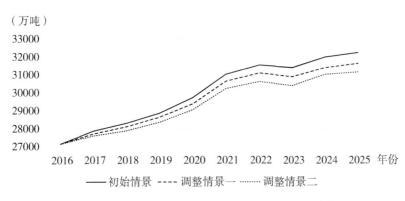

图 3-12　能源消费结构政策调整下二氧化碳排放量仿真模拟图

从仿真模拟图 3-12 可以看出，随着煤炭消费比例的下降及天然气、电力消费比例的上升，二氧化碳排放量、能源消费量及碳强度都出现了一定程度的下降。

在调整情景一和情景二的情况下，到 2020 年二氧化碳排放量为 29373 万吨和 29050 万吨，比初始情景条件下约减少 1.16% 和 2.25%，到 2025 年二氧化碳排放量约为 31617 万吨和 31135 万吨，比初始情景条件下约减少 1.88% 和 3.38%。

在调整情景一和情景二的情况下，到 2020 年能源消费量约为 19236 万吨和 19015 万吨标准煤，比初始情景条件约减少 2.10% 和 3.22%，到 2025 年能源消费量约为 19983 万吨和 19656 万吨标准煤，比初始情景条件约减少 2.51% 和 4.10%。

由于在调整情景一和情景二中，到 2020 年能源消费量都大于 18900 万吨标准煤，因此该调整政策下无法实现既定的约束目标。能源消费总量的仿真情况见图 3-13。

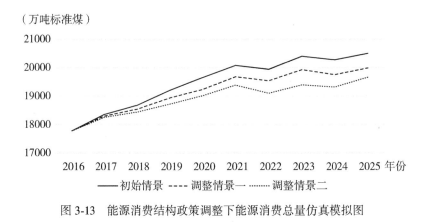

图 3-13　能源消费结构政策调整下能源消费总量仿真模拟图

在调整情景一和情景二的情况下，到 2020 年碳强度约为 0.7462 吨/万元和 0.7321 吨/万元，比初始情景条件约减少 2.02% 和 3.86%，到 2025 年碳强度约为 0.6575 吨/万元和 0.6401 吨/万元，比初始情景条件约减少 3.42% 和 5.96%。

由于在调整情景一和情景二的结果下，到 2020 年碳强度都大于 0.7306 吨/万元，因此能源消费结构政策调整下无法实现既定的碳强度减排目标。碳强度仿真的情况见图 3-14。

2017—2025 年不同调整情景下，能源强度基本呈逐渐下降趋势，调整情景的能源强度相较于初始情景下降得更快。能源强度的仿真情况见图 3-15。

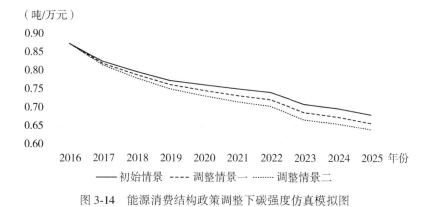

图 3-14　能源消费结构政策调整下碳强度仿真模拟图

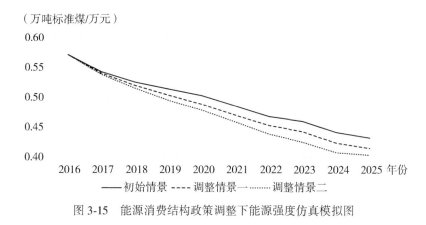

图 3-15　能源消费结构政策调整下能源强度仿真模拟图

在初始情景下，到 2020 年能源强度约为 0.5035 吨标准煤/万元，到 2025 年能源强度约为 0.4330 吨标准煤/万元；

在调整情景一和情景二的情况下，到 2020 年能源强度约为 0.4887 吨标准煤/万元和 0.4792 吨标准煤/万元，比初始情景条件约减少 2.94% 和 4.82%，到 2025 年能源强度约为 0.4155 吨标准煤/万元和 0.4041 吨标准煤/万元，比初始情景条件约减少 4.03% 和 6.67%。由于 2020 年的能源强度目标是降低到 0.4663 吨标准煤/万元，在能源消费结构政策调整情景一和情景二的情况下，能源强度无法降低到预期的目标值。

综合上述情况和能源消费结构政策调整的仿真结果，生态环境经济政策各目标的完成情况见表 3-6。

表3-6　　　　　　　能源消费结构政策调整下低碳政策目标完成情况

低碳政策目标	初始情景	调整情景一	调整情景二
能源消费总量目标	未完成	未完成	未完成
碳强度目标	未完成	未完成	未完成
能源强度目标	未完成	未完成	未完成
经济目标	未完成	未完成	未完成

(三)居民低碳意识调整政策仿真模拟

2016年湖北省人均生活性能源消费量为0.3431万吨标准煤/万人，随着人们生活水平的逐渐提高，人均生活性能源消费量也会呈逐步上升的趋势。

根据2005—2016年的数据，通过与时间建立线性关系，估计到2025年该数值为0.4768万吨标准煤/万人。政府在低碳经济发展目标下，应该对相关低碳产品给予适当补贴，对低碳清洁产品生产企业给予相关政策支持，鼓励人们多消费低碳产品，提高人们的低碳环保意识，从而减缓人均生活性能源消费量的增长速度。

假设到2025年，有如下情景：

1. 初始情景。表示人均生活性能源消费量为0.4768万吨标准煤/万人。

2. 调整情景一表示人均生活性能源消费量下降到0.4268万吨标准煤/万人。

3. 调整情景二表示人均生活性能源消费量下降到0.3768万吨标准煤/万人，则可以得到相关变量的仿真模拟如图3-16所示。

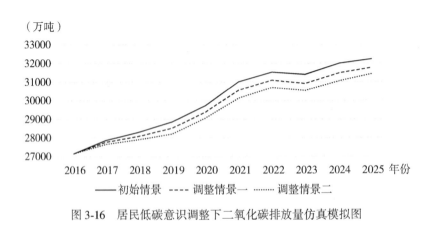

图3-16　居民低碳意识调整下二氧化碳排放量仿真模拟图

从仿真模拟结果可以看出，调整情景相较于初始情景情况下，二氧化碳排放量及能源消费量都出现了下降，但下降幅度不大，而生活性能源消费量出现了较大幅度的下降。由于能源消费量主要是生活性能源消费量与生产性能源消费量的总和，而生活性能源消费量的大幅度下降并不能导致能源消费总量大幅度下降。

在调整情景一和情景二的情况下，到 2020 年二氧化碳排放量约为 29374 万吨和 29055 万吨，比初始情景条件约减少 1.16% 和 2.23%，到 2025 年二氧化碳排放量约为 31765 万吨和 31426 万吨，比初始情景条件约减少 1.42% 和 2.47%。

在调整情景一和情景二的情况下，到 2020 年能源消费量约为 19537 万吨标准煤和 19383 万吨标准煤，比初始情景条件约减少 0.56% 和 1.35%，到 2025 年能源消费量约为 20226 万吨标准煤和 20057 万吨标准煤，比初始情景条件约减少 1.32% 和 2.15%。

在不同的调整情景情况下，到 2020 年能源消费总量都大于 18900 万吨标准煤，因此居民低碳消费意识调整情景下，无法实现既定的能源消费约束目标。能源消费量的仿真情况见图 3-17。

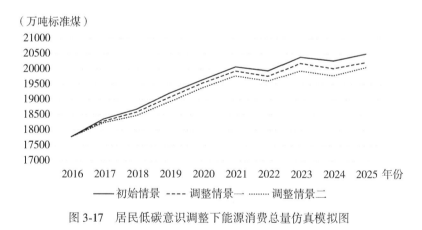

图 3-17　居民低碳意识调整下能源消费总量仿真模拟图

在初始情景情况下，到 2020 年生活性能源消费量约为 2645 万吨标准煤，到 2025 年生活性能源消费量约为 3039 万吨标准煤。

在调整情景一和情景二的情况下，2020 年生活性能源消费量约为 2516 万吨标准煤和 2391 万吨标准煤，比初始情景条件约减少 4.88% 和 9.60%，2025 年生活性能源消费量约为 2864 万吨标准煤和 2680 万吨标准煤，比初始情景条件约减少 5.76% 和 11.81%。生产性能源消费量仿真情况见图 3-18。

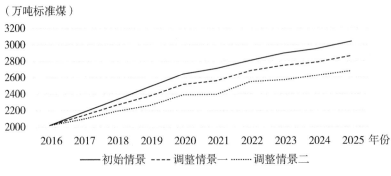

图 3-18 居民低碳意识调整下生产性能源消费量仿真模拟图

通过以上分析,居民低碳意识政策调整的仿真结果体现了生态环境经济政策各目标的完成情况(见表 3-7)。

表 3-7 居民低碳意识政策调整下低碳政策目标完成情况

低碳政策目标	初始情景	调整情景一	调整情景二
能源消费总量目标	未完成	未完成	未完成
碳强度目标	未完成	未完成	未完成
能源强度目标	未完成	未完成	未完成
经济目标	未完成	未完成	未完成

(四)科技投入调整政策仿真模拟

不同产业的单位增加值能耗及碳强度会随着科技投入的增加而降低,2016年湖北省科技投入占 GDP 比重为 1.86%。政府应该加大在科研方面的资金投入,随着相关技术水平的不断进步,能源消耗量和二氧化碳排放量会得到一定程度的缓解。

假设到 2025 年,有如下情景:

1. 初始情景。表示科技投入比维持在 2016 年水平。

2. 调整情景一。表示科技投入比重提高到 2.36%。

3. 调整情景二表示科技投入比重提高 2.86%，则可以得到相关变量的仿真模拟(见图 3-19)。

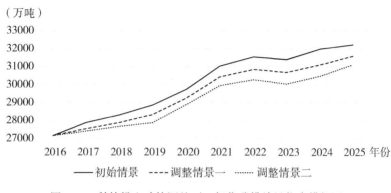

图 3-19　科技投入政策调整下二氧化碳排放量仿真模拟图

从图 3-19 可以看出，随着科研投入比重的提高，调整情景相较于初始情景下的能源消费量、二氧化碳排放量及碳强度都出现不同程度的下降。

在调整情景一和情景二的情况下，到 2020 年二氧化碳排放量约为 29230 万吨和 28875 万吨，比初始情景条件约减少 1.65%和 2.84%，到 2025 年二氧化碳排放量约为 31585 万吨和 31102 万吨，比初始情景条件约减少 1.98%和 3.48%。

在调整情景一和情景二的情况下，到 2020 年能源消费量约为 19331 万吨标准煤和 19057 万吨标准煤，比初始情景条件约减少 1.61%和 3.01%，到 2025 年能源消费量约为 20121 万吨标准煤和 19794 万吨标准煤，比初始情景条件约减少 1.83%和 3.43%。

在不同的调整情景情况下，到 2020 年能源消费总量都大于 18900 万吨标准煤，因此科技投入调整情景下，无法实现既定的能源消费量约束目标。能源消费总量仿真情况见图 3-20。

在调整情景一和情景二的情况下，到 2020 年碳强度约为 0.7430 吨/万元和 0.7284 吨/万元，比初始情景条件约减少 2.44%和 4.34%，到 2025 年碳强度约为 0.6539 吨/万元和 0.6351 吨/万元，比初始情景条件约减少 3.95%和 6.71%。

在调整情景一的情况下，到 2020 年碳强度大于 0.7306 吨/万元，在调整情景二的情况下，到 2020 年碳强度小于 0.7306 吨/万元，调整情景二能够实现既定的碳强度约束目标。碳强度的仿真情况见图 3-21。

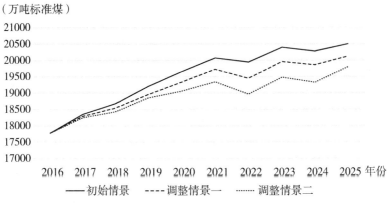

图 3-20　科技投入政策调整下能源消费总量仿真模拟图

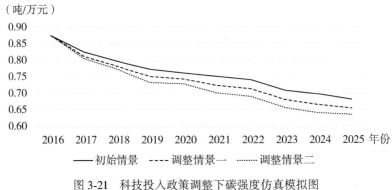

图 3-21　科技投入政策调整下碳强度仿真模拟图

依据科技投入政策调整的仿真结果，生态环境经济政策各目标的完成情况见表 3-8。

表 3-8　　　　　科技投入政策调整下低碳政策目标完成情况

低碳政策目标	初始情景	调整情景一	调整情景二
能源消费总量目标	未完成	未完成	未完成
碳强度目标	未完成	未完成	完成
能源强度目标	未完成	未完成	未完成
经济目标	未完成	未完成	未完成

（五）综合调整政策仿真模拟

政府在制定低碳经济发展目标时，可以将不同的政策调整变量相互结合，以探寻多政策变量对低碳经济产生的影响，从而寻找最优的政策组合方案，更好地实现低碳经济的可持续发展。表3-9列出了在不同的情景模拟下相关变量的设定值。

表3-9　　　　　　　各变量在 2025 年不同情景下的设定值

变量	初始情景	调整情景一	调整情景二	调整情景三	调整情景四
第一产业固定资产投资比例	3.02%	3.02%	3.02%	3.02%	3.02%
第二产业固定资产投资比例	41.43%	36.43%	31.43%	36.43%	31.43%
第三产业固定资产投资比例	55.55%	60.55%	65.55%	60.55%	65.55%
煤炭能源消费比例	56.76%	46.76%	46.76%	36.76%	36.76%
石油能源消费比例	27.29%	27.29%	27.29%	27.29%	27.29%
天然气能源消费比例	3.38%	8.38%	8.38%	13.38%	13.38%
电力及其他能源消费比例	12.57%	17.57%	17.57%	22.57%	22.57%
人均生活性能源消费量	0.4768	0.4268	0.3768	0.4268	0.3768
科研投入比	1.86%	2.36%	2.36%	2.86%	2.86%

从仿真模拟图 3-22 可以看出，2017—2025 年，在不同情景下，碳排放量是逐渐增加的趋势，初始情景增长速度最快，调整情景的增长趋势越来越平缓。

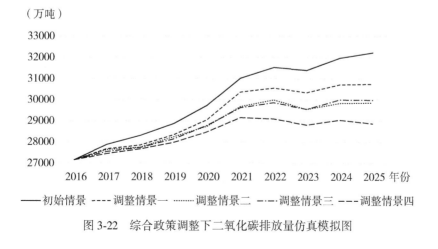

图 3-22　综合政策调整下二氧化碳排放量仿真模拟图

在四种调整情景下，到 2020 年二氧化碳排放量依次为 29035 万吨、28731 万
吨、28772 万吨、28465 万吨，比初始情景条件下减少 2.30%、3.32%、3.19%、
4.22%；到 2025 年二氧化碳排放量依次为 30746 万吨、29857 万吨、29985 万吨、
28870 万吨，比初始情景条件下减少 4.58%、7.34%、6.95%、10.41%。

从图 3-23 可以看出，2017—2025 年，在不同的调整情景下，能源消费量还
是呈逐渐上升的趋势，但上升的速度各不相同，初始情景下上升的速度相对比较
快，调整情景四上升的速度比较慢。

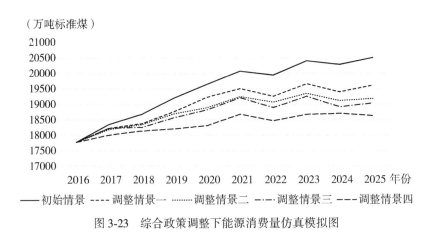

图 3-23　综合政策调整下能源消费量仿真模拟图

在四种调整情景情况下，到 2020 年能源消费量依次为 19227 万吨标准煤、
18894 万吨标准煤、18822 万吨标准煤、18315 万吨标准煤，比初始情景条件下减
少 2.14%、3.84%、4.20%、6.78%；到 2025 年能源消费量依次为 19603 万吨标
准煤、19174 万吨标准煤、19030 万吨标准煤、18624 万吨标准煤，比初始情景条
件下减少 4.36%、6.45%、7.16%、9.14%。

可以看出，在调整情景一的情况下，到 2020 年能源消费量大于 18900 万吨
标准煤，无法完成既定的约束目标，但在调整情景二、情景三、情景四情况下，
到 2020 年能源消费量都小于 18900 万吨标准煤，在该种综合政策调整下，能够
完成既定的约束目标。

从图 3-24 可以看出，2017—2025 年，在不同的调整情景下，GDP 都是呈上
升的趋势，但上升的速度各不相同，初始情景下上升的速度比较慢，其余情景下
上升速度差别不大。

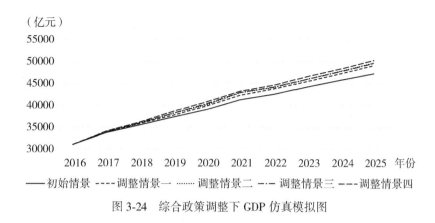

图 3-24　综合政策调整下 GDP 仿真模拟图

　　在四种调整情景情况下，到 2020 年 GDP 依次为 39864 亿元、40168 亿元、40384 亿元、40804 亿元，比初始情景条件下增加 2.15%、2.93%、3.48%、4.56%；到 2025 年 GDP 依次为 49180 亿元、49779 亿元、49672 亿元、50369 亿元，比初始情景条件下约增加 3.89%、5.16%、4.93%、6.41%。

　　四种调整情景情况下，GDP 的年均增速分别为 6.91%、7.07%、7.19% 和 7.41%。

　　从图 3-25 可以看出，2017—2025 年，在不同的调整情景下，碳强度都是呈下降的趋势，但下降的速度各不相同，初始情景情况下降速度比较慢，调整情景四情况下降速度最快。

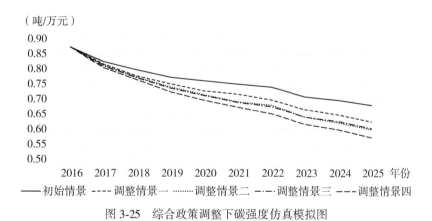

图 3-25　综合政策调整下碳强度仿真模拟图

在四种调整情景情况下，到 2020 年碳强度依次为 0.7284 吨/万元、0.7153 吨/万元、0.7125 吨/万元、0.6976 吨/万元，比初始情景条件下减少 4.36%、6.08%、6.44%、8.40%；到 2025 年碳强度依次为 0.6252 吨/万元、0.5998 吨/万元、0.6037 吨/万元、0.5732 吨/万元，比初始情景条件下减少 8.16%、11.89%、11.32%、15.80%。

可以看出，在调整情景一、二、三、四情况下，到 2020 年碳强度都小于 0.7306 吨/万元，在该种综合政策调整下，能够完成既定的约束目标。

从图 3-26 可以看出，2017—2025 年，在不同的调整情景下，能源强度都是呈下降的趋势，但下降的速度各不相同，初始情景情况下降的速度比较慢，调整情景四情况下降速度最快。

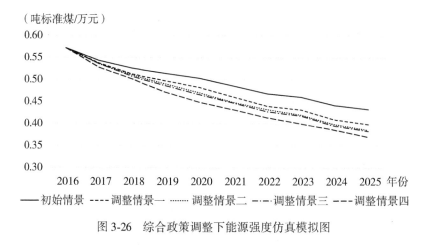

图 3-26　综合政策调整下能源强度仿真模拟图

在四种调整情景情况下，到 2020 年能源强度依次为 0.4823 吨标准煤/万元、0.4704 吨标准煤/万元、0.4661 吨标准煤/万元、0.4489 吨标准煤/万元，比初始情景条件下减少 4.20%、6.57%、7.43%、10.85%；到 2025 年能源强度依次为 0.3986 吨标准煤/万元、0.3852 吨标准煤/万元、0.3831 吨标准煤/万元、0.3698 吨标准煤/万元，比初始情景条件下减少 7.95%、11.04%、11.52%、14.61%。

可以看出，在调整情景一和情景二情况下，能源强度都大于 0.4663 吨/万元，在情景三和情景四情况下，能源强度小于 0.4663 吨标准煤/万元，能够完成既定的约束目标。

通过综合政策调整的仿真模拟结果，得到表3-10，生态环境经济各政策目标的完成情况。

表3-10 综合政策调整下低碳政策目标完成情况

低碳政策目标	初始情景	调整情景一	调整情景二	调整情景三	调整情景四
能源消费总量目标	未完成	未完成	完成	完成	完成
碳强度目标	未完成	完成	完成	完成	完成
能源强度目标	未完成	未完成	未完成	完成	完成
经济目标	未完成	未完成	完成	完成	完成

六、结论

本章通过构造基于二氧化碳为生态环境表征的生态环境-经济形势仿真系统来模拟现实的生态环境-经济系统相互耦合作用的过程。通过该仿真系统，可以清晰地看到生态环境和社会经济各个子系统之间相互作用的全部过程。并且以现实发生的数据作为参照系，对仿真系统的可靠性进行了验证，基本结论是该仿真系统是科学和合理的，可以对现实的生态环境和经济形势运行的耦合状态进行拟合。

虽然该仿真系统在拟合现实的生态环境和经济形势方面确实具有一定的可靠性和科学性，但是该系统还是建立在离散的二氧化碳数据的基础上的。如果要进行环境与经济之间的实时动态反映，必须进行在上述仿真模型基础上的重新系统编程。目前 C++语言和各种面向对象的编程平台都可以完成上述过程，借助云服务器，就可以实现连续动态实时跟踪生态系统变化对社会经济形势变化的评估过程。

也就是说，本研究在没有获得大数据的状态之下，采取离散的、计算出来的二氧化碳数据，而不是实时连续动态的、直接从空气中采集到的二氧化碳数据实现了对生态环境-经济系统相互耦合作用的过程进行了评估。这个是大数据运用的一个示例和演示。

尽管上述处理过程是利用现成的仿真软件 Vensim 实现了对生态环境-经济态

势的仿真分析，具有演示和案例的性质。但是它对于实时的生态环境-经济态势的系统构建还是有很多启发的。表现在：

（1）整个系统性思维模式的构造具有启发性。即使在 c++或者其他计算机语言编制实时的生态环境-经济态势耦合的仿真系统，都需要有系统性思维，以及内部各种算法的支持。而本案例中提供的各种系统构造和算法支持可以为新的软件系统的完成提供参考。

（2）对于仿真过程各种情景的设置具有启发性。在本章中，设置了各种系统仿真情景，这些情景是政策分析和规制的重要手段。在实时系统的构造中，有必要按照上述方式提供各种政策选择的机会，为管理层决策提供依据。

（3）透过本仿真系统，可以清晰地看到系统动力学理论在生态环境经济形势分析中的重要性和可靠性，并以此为依据进行环境管理。

参考文献

[1]余远. 基于系统动力学的低碳经济发展模式[D]. 武汉大学，2018.

[2]李旭. 社会系统动力学[M]. 复旦大学出版社，2009.

[3]黄华. 区域低碳经济发展策略研究[D]. 电子科技大学，2012.

[4]Albrecht J，François D，Schoors K. A Shapley decomposition of carbon emissions without residuals[J]. Energy Policy，2002，30(9)：727-736.

[5]宋德勇，卢忠宝. 中国碳排放影响因素分解及其周期性波动研究[J]. 中国人口·资源与环境，2009，19(3)：18-24.

[6]郭朝先. 中国碳排放因素分解：基于 LMDI 分解技术[J]. 中国人口·资源与环境，2010，20(12)：4-9.

[7]赵奥，武春友，Chun-you. 中国 CO_2 排放量变化的影响因素分解研究——基于改进的 Kaya 等式与 LMDI 分解法[J]. 软科学，2010，24(12)：59-63.

[8]何小钢，张耀辉. 中国工业碳排放影响因素与 CKC 重组效应——基于 STIRPAT 模型的分行业动态面板数据实证研究[J]. 中国工业经济，2012(1)：26-35.

[9]张旺，谢世雄. 北京能源消费排放 CO_2 增量的影响因素分析——基于三层嵌套式的 I-O SDA 技术[J]. 自然资源学报，2013，28(11)：1846-1857.

[10]国涓，刘长信．中国工业部门的碳排放：影响因素及减排潜力［J］．Journal of Resources and Ecology(资源与生态学报英文版)，2013，33(2)：132-140.

[11]赵选民，卞腾锐．基于 LMDI 的能源消费碳排放因素分解——以陕西省为例［J］．经济问题，2015(2)：35-39.

[12]朱婧，刘学敏，初钊鹏．低碳城市能源需求与碳排放情景分析[J]．中国人口·资源与环境，2015，25(7)：48-55.

第四章　湖北省生态环境经济形势文献分析

——以 CiteSpace 土壤重金属污染防治的知识图谱研究为例

一、问题的提出

　　土壤是生态系统重要的组成部分，是物质和能量循环的重要圈层。近年来，大量的重金属因人类生产活动而进入土壤环境，土壤生态环境一旦遭到破坏，农作物的生长状况也会受影响，农产品的质量安全也难以得到保证。[①] 2019 年中国生态环境状况公报的统计数据显示，重金属是导致农用地环境质量下降的主要污染物，其中重金属镉是首要污染物。[②] 土壤污染的途径多种多样，污染来源分析和控制难度较大。[③] 目前中国尚未建立全覆盖的多级土壤环境监督管理体系，受经济发展水平的限制，对于土壤污染防治方面的关注度不高。由于土壤重金属污染的滞后性，人们难以认识到土壤污染防治的重要性，重金属富集所引发的农产品安全问题以及群体公共安全事件已成为影响农业经济发展和社会稳定的重要因素。[④] 可见，污染土壤的管控和修复是当前亟待解决的关键环境问题。尽管近年来借鉴国外的土壤污染防治经验，中国也逐渐开展土壤风险管控、污染土地安全利用率提升、农田土壤风险评估等工作，但是实践时间太短，长期效果还需要观察。[⑤] 目前中国对于污染地块的管理主要以修复为主，土壤修复技术逐渐进入工

　　① Yuan J, Lu Y, Wang C, et al. Ecology of industrial pollution in China [J]. Ecosystem Health and Sustainability, 2020, 6(1): 1-17.

　　② 中华人民共和国生态环境部. 中国生态环境状况公报 [R]. 2019.

　　③ 邹崇雁, 韩昊展. 试论中国的土壤污染现状与防控措施 [J]. 南方农业, 2018, 12 (6): 148-149.

　　④ 何鹏. 土壤污染现状危害及治理 [J]. 吉林蔬菜, 2012(9): 55-56.

　　⑤ 谷庆宝, 张倩, 卢军, 等. 我国土壤污染防治的重点与难点 [J]. 环境保护, 2018, 46 (1): 14-18.

程示范阶段。

土壤重金属污染修复研究相关文献逐年增多，涉及的学科种类也越来越多，[①] 但是这些研究大多数局限于某一个方向，比如植物对于土壤中重金属的修复作用、[②] 生物炭在重金属修复中的应用等。[③] 缺少从宏观角度，系统性地研究分析土壤重金属污染防治领域的现状、前沿热点和主题演进等。

文献计量学这个词最早是由 Pritchard 在 1969 年提出的，核心是经验统计规律，运用数学和统计方法定量地分析研究主题的交叉科学，最先应用于图书及其他通讯媒介，[④] 但是随后被其他学科所吸收，当前已经广泛应用于环境、食品安全、医学等多个学科领域，用于分析相关领域的研究热点以及研究趋势等。如 Zhang 等采用文献计量学的方法，以 Web of Science 数据库检索的文献记录为基础，评估植物修复研究现状，探讨植物修复研究的发展趋势。[⑤]

CiteSpace 是由陈超美教授开发出来的一款可视化分析软件，[⑥] 同时能够帮助我们在很短的时间内识别出某一科学领域中主要的研究学者和研究机构，快速找出该领域的核心文献、知识基础、研究趋势。张宇婷等借助 CiteSpace 关键词聚类分析了国内外土壤侵蚀研究主题，提出我国土壤侵蚀研究的发展方向。[⑦] Li 等[20] 采用 CiteSpace 土壤重金属的植物修复的研究热点和趋势进行定性和定量分析，有助于新研究人员获取该领域的现有研究状况和进展。

本章利用 CiteSpace 计量分析软件，以 2006—2019 年 Web of Science 数据库核心合集、中国知网、维普和万方核心期刊为数据源，从发文数量、作者、机

---

① 张旭梦，胡术刚，宋京新. 中国土壤污染治理现状与建议[J]. 世界环境，2018(3)：23-25.

② 刘伟才. 植物在土壤重金属修复中的应用研究[J]. 新丝路：中旬，2019(7)：1-2.

③ 吴佳美，郭实荣，周垂帆. 生物质炭对土壤重金属修复应用研究进展[J]. 内蒙古林业调查设计，2017，40(1)：86-88.

④ 邱均平. "文献计量学"定义的发展[J]. 情报杂志，1988(4)：45-47.

⑤ Zhang Y, Li C, Ji X, et al. The knowledge domain and emerging trends in phytoremediation：a scientometric analysis with CiteSpace[J]. Environmental Science and Pollution Research, 2020, 27(Supplement 1).

⑥ 侯剑华，胡志刚. CiteSpace 软件应用研究的回顾与展望[J]. 现代情报，2013，33(4)：99-103.

⑦ 张宇婷，肖海兵，聂小东，等. 基于文献计量分析的近 30 年国内外土壤侵蚀研究进展[J]. 土壤学报，2020，57(4)：797-810.

构、关键词以及共被引次数多个方面对 2006—2019 年国内外发表的土壤重金属污染防治方面的文献进行可视化分析，以期对土壤修复相关研究和发展趋势进行一个前瞻性的分析。

二、数据来源及分析方法

（一）数据来源

本研究中文文献来源于中国知网（CNKI）、万方（wanfang）和维普（VIP）三个数据库。使用高级检索，检索条件设置为：主题＝土壤重金属＋污染修复/污染防治，检索时间段设置为 2006—2019 年。在中国知网中检索到 2765 条，万方中检索到 2770 条，维普中检索到 495 条。检索时手动去除不相关文献，并利用 Co-occurrence 6. 722（COOC）软件中多数据库去重功能对下载的数据进行除重，最终得到相关的文献 2780 条。

英文文献来源于 Web of Science 核心合集数据库，使用高级检索，以 TS＝（soil heavy metal ＊ AND（remediation OR pollution control OR pollution prevention））为检索式，语种选择 English，文献类型选择 Article 和 Review，检索时间段设置为 2006—2019 年，检索到 5927 条结果。经过删除与研究主题无关的文献和重复文献，最终有 5082 条数据，将其导入 CiteSpace 中，进一步统计分析。

（二）分析方法

利用 CiteSpace（5. 6. R4）软件对 2006—2019 年与土壤重金属污染修复相关的中英文文献进行分析。主要分析文献发表数量、作者、研究机构、关键词以及被引次数。时间切片都设置为 1，根据图谱的呈现情况进行裁剪，选择不同的节点类型进行图谱分析。

三、结果分析

（一）发文量变化

发文量变化曲线如图 4-1 所示，从 2006—2019 年，中文文献和英文文献的发文量在整体上都呈现增长趋势，极个别年份出现小幅度的波动。英文文献增长速率明显高于中文文献。根据英文发文量曲线，2014 年之前发文量快速增长。2014 年，首届联合国环境大会召开，全球对于生态环境越来越重视，英文发文量随之快速增长。其中，我国的科研机构对于土壤重金属污染防治发文量的贡献最大，说明我国在该领域的研究走在了世界前沿领域。根据中文发文量曲线，在2015 年之前，发文量增长比较缓慢。2015 年之后，修订后的《中华人民共和国环境保护法》实施，2016 年颁布了"土十条"和《土壤污染防治方法》草案征求意见，人们对于土壤污染前的预防和污染后的治理关注度更高，对于土壤环境修复技术及相关的工程应用的关注度也随之提高，相应的发文量显著增加。同时我们可以预测 2019 年之后相关领域的研究会呈现继续增长的趋势。

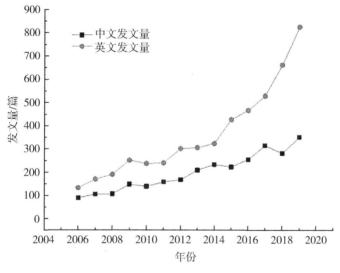

图 4-1　中英文发文量变化曲线

(二)发文国家分析

学术合作可以促进科学的发展和传播。一个国家的国际合作通常在一定程度上能反映该国的学术影响力。在对各国合作进行分析后，我们获得了 2006—2019年 88 个国家和地区合作网络节点。发文量排名前十的国家如图 4-2 所示。中国发文量最多(1920 篇)，占总发文量的 37.8%。这说明我国在土壤重金属污染防治方面比较重视，开展了大量的基础和应用研究，以期探索符合中国土壤性质和田间管理的污染修复技术。其次是美国(456 篇)、西班牙(343 篇)和印度(269 篇)，以上这些国家的农业在国民经济中占了很大比重，其中美国为农业出口大口。国家对农业的重视程度较高，人们对农产品的产量和质量关注度也较高，更多的学者研究土壤环境重金属的生态风险。排名前十的国家发文量总和为 4236，占总发文量的 83.3%。

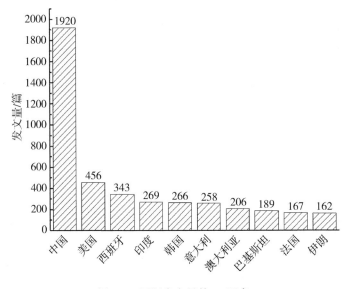

图 4-2　国际发文量前 10 国家

(三)研究机构分析

分析各个研究机构的发文量，能够帮助我们看出哪些机构是土壤重金属污染防治方面的活跃机构[21]。利用 CiteSpace 中的"Institution"分析功能，对发文研究机构进行分析。如图 4-3、图 4-4 所示，圆形的节点代表研究机构，圆圈和字体的大小表明机构发文量的多少。节点间的连线表示研究机构之间的交流合作，连线粗细表明机构合作发文的多少。经过合并二级机构和名称变化了的机构，得到机构合作网络图谱。

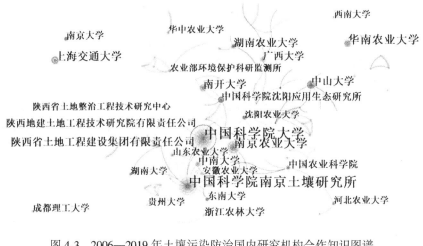

图 4-3　2006—2019 年土壤污染防治国内研究机构合作知识图谱

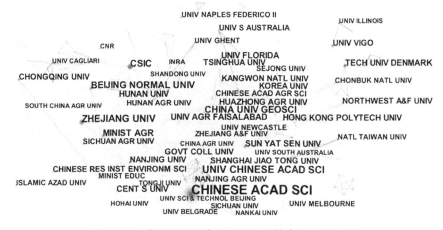

图 4-4　土壤重金属污染防治国际机构合作知识图谱

1. 国内机构

中国科学院大学的发文量最多，中介中心性最高为 0.11（见表 4-1），说明中国科学院大学在土壤重金属修复方面具有一定权威性。从图 4-3 中节点的连线情况可看出，有关土壤重金属污染修复的研究主要是集中在各研究所和高校中，少部分企业也有研究，比如陕西省土地工程建设集团有限责任公司。但研究所、高校和企业之间的合作交流较为缺乏。在今后的研究中，可以加强企业和研究所、企业和高校的学术交流，促进共同发展。

表 4-1　　　　　　　　土壤重金属污染防治国内发文量前 10 的机构

排名	研究机构	发文量
1	中国科学院大学	80
2	中国科学院南京土壤研究所	71
3	南京农业大学	43
4	华南农业大学	34
5	上海交通大学	32
6	湖南农业大学	29
7	南开大学	27
8	中山大学	27
9	陕西省土地工程建设集团有限责任公司	26
10	中南大学	25

2. 国际机构

国际机构合作网络图谱中有 571 个节点，1245 条连线（见图 4-4）。发文量前十的机构中有 9 个是中国的机构，多为国内高校（见表 4-2）。中国科学院（CHINESE ACAD SCI）在发文量排名中位居前列，2006—2019 年发文量为 418 篇。根据机构发文量年限分布图（见图 4-5），中国科学院在 2007 年之后每年的发文量都位居前列。同时，英文的发文机构的发文量在 2006—2016 年期间变化不大，从 2016 开始，大部分机构的发文量迅速增加，其中，中国科学院的发文数量和增加速度远高于其他机构。这反映了中国科学院在土壤重金属污染修复方面强大的科研攻关力量，为全面实施土壤修复项目提供了强有力的科技支撑，如中科院南京土壤所贵冶周边区域九牛岗地区镉铜污染土壤修复技术示范，湖南湘潭、浙江杭州、江苏苏州、河南济源、广东韶关、江西贵溪等地镉污染农田边生产边修复技术应用示范。

表 4-2　　　　　　土壤重金属污染防治国际发文量前 10 的研究机构

研究机构	发文量/篇	被引总频次	篇均被引频次
中国科学院 CHINESE ACAD SCI	418	11741	28.09

续表

研究机构	发文量/篇	被引总频次	篇均被引频次
中国科学院大学 UNIV CHINESE ACAD SCI	110	1731	15.74
浙江大学 ZHEJIANG UNIV	91	3181	34.96
西班牙国家研究委员会 CSIC	69	2673	38.74
中国地质大学 CHINA UNIV GEOSCI	68	676	9.94
北京师范大学 BEIJING NORMAL UNIV	68	2082	30.62
中国农业农村部 MINIST AGR	56	1321	23.59
中山大学 SUN YAT SEN UNIV	53	1487	28.06
湖南大学 HUNAN UNIV	53	2756	52.00
华中农业大学 HUAZHONG AGR UNIV	52	1129	21.71

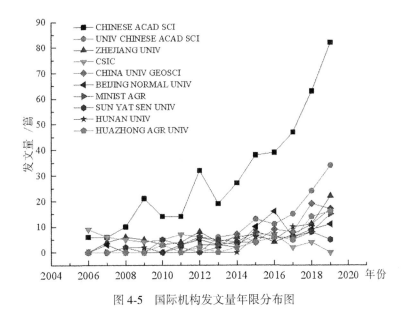

图 4-5　国际机构发文量年限分布图

(四)关键词分析

关键词能够体现出一篇文章的精髓,在分析某个领域的研究前沿时,可以为研究学者提供研究主题的演变过程,预测该主题未来的发展趋势[22]。软件中的"Keyword"分析功能能够帮助我们提取文章的关键词进行分析,得到关键词共现图谱和关键词突现图谱。

1. 中文关键词

设置突现关键词数量为 21 个，得到 2006—2019 年重金属污染防治突现关键词分布图(见图 4-6)。结果表明，除了"修复技术"以外，"超富集植物"是突现强度最高的关键词(10.924)，"印度芥菜"是突现持续时间最长的词(2006—2012 年)，"淋洗修复"在中间一段时间内突现时间持续较长。"生物炭"是突现时间最晚的词。根据突现关键词分布图，在 2016 年连续出现 4 个突现词。同时根据中文发文量变化曲线，2016 年之后发文量显著增加，因此可将 2016 年视为一个重要的转折点。将 2006—2019 年划分为 2006—2015 年、2016—2019 年两个时间段进行关键词共现分析。

Keywords	Year	Strength	Begin	End	2006 - 2019
印度芥菜	2006	3.5152	2006	2012	
超富集植物	2006	10.9239	2006	2011	
矿区	2006	3.5838	2006	2008	
植物修复	2006	6.0128	2006	2007	
螯合剂	2006	5.3736	2008	2011	
表面活性剂	2006	3.3192	2009	2012	
来源	2006	4.501	2010	2013	
钝化修复	2006	3.4579	2011	2011	
土壤污染	2006	8.3149	2011	2011	
淋洗修复	2006	4.1019	2011	2015	
重金属离子	2006	4.9824	2012	2015	
土壤环境	2006	10.2955	2012	2014	
生态修复	2006	3.9761	2015	2015	
原位钝化	2006	3.3209	2016	2017	
重金属污染修复	2006	3.4367	2016	2017	
农田土壤	2006	3.7412	2016	2016	
微生物	2006	3.7689	2016	2019	
治理修复	2006	3.6262	2017	2019	
修复技术	2006	9.8711	2017	2019	
耕地土壤	2006	3.4146	2018	2019	
生物炭	2006	7.9022	2018	2019	

图 4-6　2006—2019 年土壤重金属污染防治国内文献关键词突现图谱

（1）2006—2015 年国内土壤重金属污染防治研究态势。

从图 4-7 关键词共现图谱中可看出 2006—2015 年的研究热点主要是"植物修复""化学淋洗"，与"植物修复"相关联的是"超富集植物""东南景天""印度芥菜"。

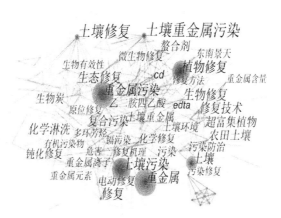

图 4-7　2006—2015 年污染土壤重金属防治国内文献关键词共现图谱

植物修复技术是利用植物自身新陈代谢，能够超富集重金属等特点，通过植物提取、转移、吸收、分解、转化或固定土壤中的污染物，从而达到去除土壤中污染物的目的[23]。目前为止，世界上已经发现了 700 多种超富集植物[24]，比如印度芥菜、东南景天（Cd、Zn 超富集植物）、蜈蚣草（As 超富集植物）、美洲蜚蠊（Mn 超富集植物）等。印度芥菜原产于中亚、印度、非洲以及东欧，在我国主要分布在西北地区和西南高原地区[25]，具有生长快、生物量大等优点[26]，对重金属锌、镉、铅具有超富集作用，常被用在土壤重金属植物修复的盆栽实验中[27,28]。这一关键词从 2006 年开始突现，并持续了很长一段时间，说明印度芥菜在过去一段时间是重金属植物修复的热点研究植物。如郭艳杰等[29]发现印度芥菜对重金属复合污染土壤中的 Cd 和 Pb 具有一定的吸收富集效果，其净化率分别为 0.35% ～ 9.22% 和 0.015% ～ 0.356%。目前发现的大多数超富集植物选择性强，只能处理单一的重金属，我国地质条件复杂，植物种类繁多，还有许多超富集植物等待研究学者们去发掘。

淋洗修复在 2011—2015 年期间突现，可见通过淋洗修复土壤重金属是该时期一个研究的热门方向。淋洗修复属于物理化学修复技术，通过淋洗液的螯合作用、解吸作用、溶解作用和固定作用，使得土壤中污染物脱附、溶解而去除[30]。如李世业等[31]采用振荡淋洗法研究 EDTA、柠檬酸、盐酸等多种淋洗剂对镉污染场地的淋洗修复效果，结果表明 0.1mol/L 的 EDTA 淋洗效果最佳。

(2)2016—2019 年国内土壤重金属污染防治研究态势。

从图 4-8 关键词共现图谱可以看出 2016—2019 年的研究热点与 2006—2015 年的研究热点相似性很大。这一阶段研究热点在植物修复的基础上增加了"农田土壤""生物炭"。农田土壤因为受到人类活动影响，是我国目前土壤污染防治的重点领域和环境主体。工业排放废弃物、农药化肥和污水灌溉等是导致农田土壤受污染的主要原因[32]。大部分的污染修复技术围绕重金属污染农田土壤展开，如降低土壤重金属有效态含量、植物修复技术、农艺综合措施等[33-35]。Wan 等[36]从降低环境风险、环境价值、成本等角度比较分析了超富集植物提取、经济作物间作、化学固定化和土壤翻耕 4 种农田修复技术，其中植物修复技术的环境效益最佳。生物炭是由生物质材料在缺氧条件下经过高温裂解后生成的产物[36]。能够吸附土壤中的污染物质，改良受污染土壤。国内外也有大量学者对此进行了研究，鲁秀国等[37]利用核桃壳作为生物质原材料制成生物炭，通过降低重金属 Cd 的迁移性，减少生物可利用度，最终对土壤中的 Cd 起到钝化修复作用。Meng 等[38]研究了稻草与猪粪在 400℃下供热解产生的生物炭，评估通过孵育实验研究它们对四种重金属(Cd、Cu、Pb 和 Zn)的生物利用度和化学形态的影响，结果表明稻草与猪粪共热分解产生的生物炭质量比为 3∶1 可以最有效地固定土壤中的金属。热解温度的不同[39]、生物质材料的不同最终都会影响生物炭对污染土壤的修复效果。很多学者发现改性后的生物炭对于土壤重金属的作用效果更加显著，如 Xia 等[40]通过石灰辅助水热合成方法制备出改性水煤，对比改性水煤和原始水煤固定化重金属的效率，发现改性后的水煤钝化复合重金属污染土壤的能力更强，对土壤重金属固定化效率提高了 95.1%(铅)和 64.4%(镉)，重金属生物毒性降低了 54.0%(铅)和 27.0%(镉)。

2. 英文关键词

根据英文发文量变化曲线，2014 年之后英文发文量显著增加，因此 2014 年可视为一个重要的转折点。将 2006—2019 年划分为 2006—2014 年、2015—2019

年两个时间段进行国际文献关键词共现分析。

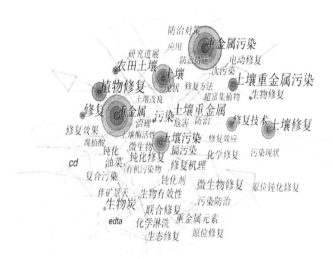

图 4-8　2016—2019 年污染土壤重金属防治国内文献关键词共现图谱

（1）2006—2014 年国际土壤重金属污染防治研究态势。

2006—2014 年关键词共现图谱中，节点数 $N=122$，连线数 $E=338$，网络密度为 0.046（见图 4-9）。"heavy metal""phytoremediation"是这一时期的研究热点。与"heavy metal"相关联的词有 Cd、Pb、Zn、Cu，可见镉、铅、锌和铜是重金属污染土壤修复中的重点研究对象。这些重金属一般因人类活动进入土壤环境中，一旦重金属含量超过土壤背景值就会使得土壤环境恶化。与"phytoremediation"相关联的词有"phytoextraction""plant"。在不同植物修复方法中，植物提取技术被认为是一种很有前途的生态修复方法。迄今为止研究的主要方法依赖于使用耐土壤金属浓度超过阈值的作物或树木，这些作物或树木吸收土壤中重金属后，可以达到治理污染的效果[41]。Nissim 等[42]研究了四种不同植物（杨树、柳树、大麻和紫花苜蓿）在炎热干旱气候条件下提取微量元素的过程，结果表明四种植物对不同微量元素都有一定的提取潜力。

（2）2015—2019 年国际土壤重金属污染防治研究态势。

2015—2019 年关键词共现图谱中，节点数 $N=75$，连线数 $E=149$，网络密度为 0.0537（见图 4-10）。研究热点在上一时期的基础上增加了"immobilization" "biochar" "risk assessment"。

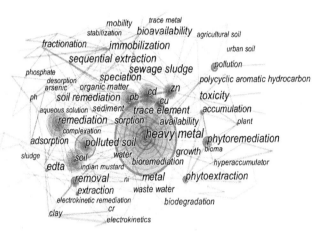

图 4-9 2006—2014 年污染土壤重金属防治国际文献关键词共现图谱

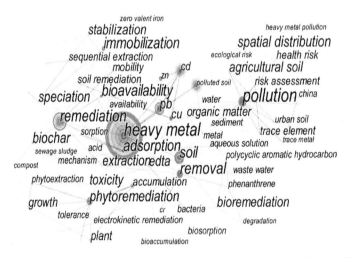

图 4-10 2015—2019 年污染土壤重金属防治国际文献关键词共现图谱

化学固定法通过改变土壤 pH 值或增强吸附、离子交换、络合或沉淀来控制金属的流动性和植物有效性。对于受污染农业土壤广泛区域,通过应用固定化金属的改良剂进行原位化学修复比从污染土壤中清除金属更为经济有效,尤其是对于轻度至中度金属污染的修复[43]。Mariussen 等[44]研究了两种稳定剂(氢氧化铁、零价铁)修复靶场 Pb、Cu、Zn、Sb 复合污染土壤的效果,结果表明氢氧化铁和零价铁都能够固定土壤中重金属，且零价铁的修复效果更好。利用生物炭修复土壤重金属属于化学固定法中的一种。Kumar 等[45]通过在锌污染土壤中添加两种生物炭(稻壳、牛粪)，进行为期180天的榕树盆栽实验，结果发现重金属锌被固定在生物炭上，通过选择具有生物炭特性的生物炭，可以优化重金属污染土壤的植物修复。进行风险评价能够帮助我们识别土壤被重金属污染的程度，与既定的标准进行比较，为土壤重金属污染的综合治理提供科学依据，可以帮助决策者制定更有效的风险削减和管理措施[46]。Wang 等[47]对 7 种转化土壤中 Cu、Cr、Cd、Pb 等重金属含量进行风险评价，结果表明退耕还林导致土壤中 Pb、Cr 含量增加，同时在长期的农业发展过程中，农田没有受到重金属污染。

(五)高被引文献分析

文献被引用次数能够反映被引文献作为知识基础对当前研究的影响[48]。共引网络是指由两篇文章组成的知识网络同时被第三或其他文章引用。CiteSpace 中节点类型选择"Reference"，选择标准为 TOP50，不对图谱进行剪切，得到节点数 $N=484$，连线数 $E=2439$，网络图谱密度为 0.021(见图 4-11)。引用率高的文献体现了该领域的重要研究成果，并且中介中心性高的节点(其值≥0.1)通常是在不同领域进行连接的关键枢纽[49]。选取中介中心性大于 0.1 的文献进行分析(见表 4-3)。

图 4-11　2006—2019 年土壤重金属污染防治国际被引文献共现图谱

表4-3　　　　　　　　　土壤重金属污染防治领域被引总次数前5的文献

论文题目	第一作者	第一作者国家	发表期刊	年份	中介中心性	被引次数
The use of chelating agents in the remediation of metal-contaminated soils: A review	Lestan D	斯洛文尼亚 Slovenia	Environmental Pollution	2008	0.27	90
Stabilization of As, Cr, Cu, Pb and Zn in soil using amendments-A review	Kumpiene J	瑞典 Sweden	Waste Management	2008	0.2	169
Role of assisted natural remediation in environmental cleanup	Adriano DC	美国 USA	Geoderma	2004	0.17	50
Chelate assisted phytoextraction of heavy metals from soil. Effect, mechanism, toxicity, and fate of chelating agents	Evangelou MWH	德国 Germany	Chemosphere	2007	0.13	62
Phytoremediation of contaminated soils and groundwater: lessons from the field	Vangronsveld J	比利时 Belgium	Environmental Science and Pollution Research	2009	0.11	82

　　五篇文献都为综述论文，综述是学者们依据前人的研究成果高度凝练总结出的文献，能够为之后的研究人员提供理论支撑和研究思路。第一篇介绍了在重金属污染土壤修复中螯合剂的应用，螯合剂与重金属离子在螯合作用下形成稳定络合物，从而将重金属从受污染土壤中解吸出来[50]。第二篇介绍了改良剂稳定土壤中砷、铬、铜、铅和锌的研究进展，改良剂的种类、土壤中的有机质含量、土壤 pH 等都会影响土壤中重金属的迁移速率[51]。第三篇介绍了辅助自然修复在环境净化中的作用，通过人为的修复方式比如植物修复、添加改良剂等来加速重金属污染土壤的修复过程[52]。第四篇介绍了螯合辅助植物萃取土壤重金属的相关研究，螯合物在提高土壤中重金属的生物有效性和增加根-芽转移方面具有很大的潜力[53]。第五篇介绍了污染土壤和地下水的植物修复技术[54]。五篇综述中有四篇与改良剂相关，三篇与植物修复相关。可见改良剂和植物修复技术受到了研

究学者们高度的关注。与此同时五篇文献的第一作者都为国外的学者,说明国外学者在重金属土壤修复研究方面的基础研究更多。

(六)土壤重金属污染防治未来研究趋势

植物修复因为成本低廉,对环境影响小,能够大范围应用,近些年受到了国内外学者广泛的关注。但由于超富集植物生长周期长,易受到周围环境影响,修复效率不高,因此利用改良技术(化学诱导、接种菌株强化、基因技术)来提高修复效率也是今后的研究热点[55]。

淋洗修复分为原位淋洗和异位淋洗。对于原位淋洗,当前关键的问题是如何清理淋洗完的废液、如何避免二次污染。异位淋洗虽然能够避免二次污染,但会破坏原有的土壤结构。因此,发展新型绿色淋洗剂将会是化学淋洗修复方面的研究重点,如 EDTA、柠檬酸、苹果酸等[56]。

生物炭作为地球化学材料的一种,能够吸附固定土壤中的重金属。目前大多数研究都集中在生物炭修复机理方面,通过对修复机理的深入认识,生物炭在修复土壤重金属时的一些问题暴露出来[57]。土壤是一个多种污染物同时存在的复杂体系,因而通过物理、化学、生物等方法对生物炭进行改性,提高修复污染土壤的效果是今后的一个研究热点。此外,单一的修复方法难以达到很好的修复效果,多种技术联合修复是未来的重点研究方向。如生物炭联合植物修复污染农田、化学淋洗与生物技术联合修复矿区土壤[58]。

风险评价指对污染物进入环境中可能产生的有害影响进行预测的过程。土壤风险评价则注重污染物进入土壤环境中后对人类健康会产生哪些影响,以及污染物在土壤环境中的稳定性。此外,目前的修复方法,评价其环境友好性以及对周围环境主体的环境风险或二次污染,仍需要进一步评估其安全性。国际上风险评价相关的研究相对较多,未来我们需要借助国外的经验,对风险评价的科学性和合理性进行深入研究。

四、结论

第一,从发文量来看,中英文发文量都处于稳步上升阶段,但中文发文量比英文发文量要滞后很多,同时,随着时间的推移,差距越来越大。

　　第二，就合作网络来看，中文文献高产作者发文量相对英文文献高产作者发文量要少很多。从中观机构合作网络来看，中国科学院大学和中国科学院发文最多，远超其他机构，但国内机构间的合作交流相对于国外的交流要少；从宏观国家合作网络来看，中国的发文量远超其他农业大国。可见我国在土壤重金属污染防治方面研究较为深入，但仍然需要加强科研团队之间的交流。

　　第三、从研究热点来看，国内研究方向与国际研究方向逐渐趋于一致。研究者更关注重金属镉、铅、锌和铜的污染防控。其中土壤重金属污染防治修复方法的热点主要集中在植物修复、淋洗修复等方向。生物炭修复，尤其是改性生物炭是最近几年国内外修复土壤重金属领域的热门研究方向。另外我国的主要修复对象集中在受污染农田上，未来我国可能需要对污染土壤的风险评价进行更深入的研究，为土壤环境质量标准的修订提供更为可靠有效的参考。

参考文献

［1］Yuan J，Lu Y，Wang C，et al.. Ecology of industrial pollution in China［J］. Ecosystem Health and Sustainability，2020，6(1)：1-17.

［2］中华人民共和国生态环境部. 中国生态环境状况公报［R］. 2019.

［3］邹峀雁，韩昊展. 试论中国的土壤污染现状与防控措施［J］. 南方农业，2018，12(6)：148-149.

［4］何鹏. 土壤污染现状危害及治理［J］. 吉林蔬菜，2012(9)：55-56.

［5］谷庆宝，张倩，卢军，等. 我国土壤污染防治的重点与难点［J］. 环境保护，2018，46(1)：14-18.

［6］张旭梦，胡术刚，宋京新. 中国土壤污染治理现状与建议［J］. 世界环境，2018(3)：23-25.

［7］Wen D，Fu R，Li Q. Removal of inorganic contaminants in soil by electrokinetic remediation technologies：A review［J］. Journal of Hazardous Materials，2020，401：123345.

［8］Han L J，Li J S，Xue Q，et al.. Bacterial-induced mineralization（BIM）for soil solidification and heavy metal stabilization：A critical review［J］. Science of The Total Environment，2020，746：140967.

［9］Chen X M, Zhao Y, Zhang C, et al.. Speciation, toxicity mechanism and remediation ways of heavy metals during composting: A novel theoretical microbial remediation method is proposed［J］. Journal of Environmental Management, 2020, 272: 1-8.

［10］Wang J, Shi L, Zhai L L, et al.. Analysis of the long-term effectiveness of biochar immobilization remediation on heavy metal contaminated soil and the potential environmental factors weakening the remediation effect: A review［J］. Ecotoxicology and Environmental Safety, 2020, 207: 1-13.

［11］刘伟才. 植物在土壤重金属修复中的应用研究［J］. 新丝路: 中旬, 2019 (7): 1-2.

［12］吴佳美, 郭实荣, 周垂帆. 生物质炭对土壤重金属修复应用研究进展［J］. 内蒙古林业调查设计, 2017, 40(1): 86-88.

［13］邱均平. "文献计量学"定义的发展［J］. 情报杂志, 1988(4): 45-47.

［14］Usman M, Ho Y S. A bibliometric study of the Fenton oxidation for soil and water remediation. ［J］. Journal of Environmental Management, 2020, 270: 1-10.

［15］Jean P K, Antonia E D, Kátia R R L, et al.. Research trends in food chemistry: A bibliometric review of its 40 years anniversary (1976-2016)［J］. Food Chemistry, 2019, 294: 448-457.

［16］Yang K L, Jin X Y, Gao Y, et al.. Bibliometric analysis of researches on traditional Chinese medicine for coronavirus disease 2019 (COVID-19)［J］. Integrative Medicine Research, 2020, 9(3): 1-7.

［17］Zhang Y, Li C, Ji X, et al.. The knowledge domain and emerging trends in phytoremediation: a scientometric analysis with CiteSpace［J］. Environmental Science and Pollution Research, 2020, 27: 15515-15536.

［18］侯剑华, 胡志刚. CiteSpace 软件应用研究的回顾与展望［J］. 现代情报, 2013, 33(4): 99-103.

［19］张宇婷, 肖海兵, 聂小东, 等. 基于文献计量分析的近30年国内外土壤侵蚀研究进展［J］. 土壤学报, 2020, 57(4): 797-810.

［20］Li C, Ji X, Luo X. Phytoremediation of Heavy Metal Pollution: A bibliometric and scientometric analysis from 1989 to 2018［J］. International Journal of Environmental Research and Public Health, 2019, 16(23)：1-28.

［21］许振宇，吴金萍，霍玉蓉. 区块链国内外研究热点及趋势分析［J］. 图书馆，2019(4)：92-99.

［22］Ouyang W, Wang Y D, Lin C Y, et al.. Heavy metal loss from agricultural watershed to aquatic system：A scientometrics review［J］. Science of the Total Environment, 2018, 637-638：208-220.

［23］王兴利，王晨野，吴晓晨，等. 重金属污染土壤修复技术研究进展［J］. 化学与生物工程，2019, 36(2)：1-7+11.

［24］石润，吴晓芙，李芸，等. 应用于重金属污染土壤植物修复中的植物种类［J］. 中南林业科技大学学报，2015, 35(4)：139-146.

［25］杨红霞. 镉形态分析与微区分布的质谱联用技术方法研究及其在印度芥菜耐镉机制中的应用［D］. 中国地质科学院，2013.

［26］杨卓，张瑞芳，韩德才，等. 不同品种印度芥菜对潮褐土 Cd、Pb、Zn 富集能力的比较研究［J］. 河北农业大学学报，2011, 34(5)：14-19.

［27］陈友媛，卢爽，惠红霞，等. 印度芥菜和香根草对 Pb 污染土壤的修复效能及作用途径［J］. 环境科学研究，2017, 30(9)：1365-1372.

［28］杨卓，陈婧，李博文. 印度芥菜生理生化特性及其根区土壤中微生物对 Cd 胁迫的响应［J］. 农业环境科学学报，2011, 30(12)：2428-2433.

［29］郭艳杰，李博文，杨华. 印度芥菜对土壤 Cd、Pb 的吸收富集效应及修复潜力研究［J］. 水土保持学报，2009(4)：130-135.

［30］Wang Z Z, Wang H B, Wang H J, et al.. Effect of soil washing on heavy metal removal and soil quality：A two-sided coin［J］. Ecotoxicology and Environmental Safety, 2020, 203：1-10.

［31］李世业，成杰民. 化工厂遗留地铬污染土壤化学淋洗修复研究［J］. 土壤学报，2015, 52(4)：869-878.

［32］梁雪峰. 新时期我国农业土壤重金属污染的治理及安全利用分析［J］. 河南农业，2017(20)：48-49.

［33］Gu P X, Zhang Y M, Xie H H, et al.. Effect of cornstalk biochar on phytoremediation of Cd-contaminated soil by Beta vulgaris var. cicla L〔J〕. Ecotoxicology and Environmental Safety, 2020, 205: 1-9.

[34] Liu X Y, Xiao R, Li R H, et al.. Bioremediation of Cd-contaminated soil by earthworms (Eisenia fetida): Enhancement with EDTA and bean dregs〔J〕. Environmental Pollution, 2020, 266(Pt 2): 115191.

[35] Wan X M, Lei M, Yang J, et al.. Three-year field experiment on the risk reduction, environmental merit, and cost assessment of four in situ remediation technologies for metal (loid)-contaminated agricultural soil〔J〕. Environmental Pollution, 2020, 266(Pt 3): 115193.

[36] Sohi S P, Krull E, Lopez-Capel E, et al.. A review of biochar and its use and function in soil〔J〕. Advances in Agronomy, 2010, 105(1): 47-82.

[37] 鲁秀国, 武今巾, 郑宇佳. 核桃壳生物炭对土壤中镉的钝化修复[J]. 环境工程, 2020, 38(11): 196-202.

[38] Meng J, Tao M M, Wang L L, et al.. Changes in heavy metal bioavailability and speciation from a Pb-Zn mining soil amended with biochars from co-pyrolysis of rice straw and swine manure〔J〕. Science of the Total Environment, 2018, 633: 300-307.

[39] Uchimiya M, Wartelle L H, Klasson K T, et al.. Influence of pyrolysis temperature on biochar property and function as a heavy metal sorbent in soil〔J〕. J Agric Food Chem, 2011, 59(6): 2501-2510.

[40] Xia Y, Liu H, Guo Y, et al.. Immobilization of heavy metals in contaminated soils by modified hydrochar: Efficiency, risk assessment and potential mechanisms〔J〕. Science of The Total Environment, 2019, 685(OCT. 1): 1201-1208.

[41] Jacobs A, De Brabandere, Léna, Drouet T, et al.. Phytoextraction of Cd and Zn with Noccaea caerulescens for urban soil remediation: influence of nitrogen fertilization and planting density〔J〕. Ecological Engineering, 2018, 116: 178-187.

[42] Nissim W G, Palm E, Mancuso S, et al.. Trace element phytoextraction from contaminated soil: A case study under Mediterranean climate〔J〕. Environmental

Science and Pollution Research International, 2018, 25(9): 9114.

[43] Guo F, Ding C, Zhou Z, et al.. Stability of immobilization remediation of several amendments on cadmium contaminated soils as affected by simulated soil acidification[J]. Ecotoxicology and Environmental Safety, 2018, 161 (OCT.): 164-172.

[44] Mariussen E, Johnsen I V, Strømseng A E. Application of sorbents in different soil types from small arms shooting ranges for immobilization of lead (Pb), copper (Cu), zinc (Zn), and antimony (Sb)[J]. Espen Mariussen; Ida Vaa Johnsen; Arnljot Einride Strømseng, 2018, 18(4): 1558-1568.

[45] Kumar A, Joseph S, Tsechansky L, et al.. Biochar aging in contaminated soil promotes Zn immobilization due to changes in biochar surface structural and chemical properties[J]. Science of The Total Environment, 2018, 626 (JUN. 1): 953-961.

[46] Yang Q Q, Li Z Y, Lu X N, et al.. A review of soil heavy metal pollution from industrial and agricultural regions in China: Pollution and risk assessment[J]. Science of the Total Environment, 2018, 642: 690-700.

[47] Wang X L, Xu Y M. Soil heavy metal dynamics and risk assessment under long-term land use and cultivation conversion[J]. Environmental Science and Pollution Research, 2015, 22(1): 264-274.

[48] Yue T, Liu H W, Long R Y, et al.. Research trends and hotspots related to global carbon footprint based on bibliometric analysis: 2007-2018[J]. Environmental Science and Pollution Research, 2020, 27(4): 17671-17691.

[49] 李杰, 陈超美. CiteSpace 科技文本挖掘及可视化[M]. 首都经济贸易大学出版社, 2016.

[50] Lestan D, Luo C L, Li X D. The use of chelating agents in the remediation of metal-contaminated soils: A review[J]. Environmental Pollution, 2008, 153 (1): 3-13.

[51] Kumpiene J, Lagerkvist A, Maurice C. Stabilization of As, Cr, Cu, Pb and Zn in soil using amendments—a review. [J]. Waste Management, 2008, 28 (1):

215-225.

［52］Adriano D C, Wenzel W W, Vangronsveld J, et al.. Role of assisted natural remediation in environmental cleanup［J］. Geoderma, 2004, 122（2-4）: 121-142.

［53］Evangelou M W H, Ebel M, Schaeffer A. Chelate assisted phytoextraction of heavy metals from soil. Effect, mechanism, toxicity, and fate of chelating agents［J］. Chemosphere, 2007, 68（6）: 989-1003.

［54］Vangronsveld J, Herzig R, Weyens N, et al.. Phytoremediation of contaminated soils and groundwater: lessons from the field［J］. Environmental Science & Pollution Research, 2009, 16（7）: 765-794.

［55］黄理龙. 腐殖酸与羟基磷灰石对植物修复重金属污染底泥影响的研究［D］. 山东建筑大学, 2016.

［56］李珍. 环保型淋洗剂对污染壤土中 Cd 的淋洗修复研究［D］. 西北农林科技大学, 2017.

［57］Dhaliwal S S, Singh J, Taneja P K, et al.. Remediation techniques for removal of heavy metals from the soil contaminated through different sources: a review［J］. Environmental Science and Pollution Research, 2020, 27（9）: 1319-1333.

［58］杜蕾. 化学淋洗与生物技术联合修复重金属污染土壤［D］. 西北大学, 2018.

第五章　湖北省生态环境经济形势的因子分析

一、引言

习近平总书记在中国共产党第十九次代表大会报告中明确指出，中国社会的主要矛盾已转化为人民日益增长的美好生活需要和不平衡不充分发展之间的矛盾；中国经济已由高速增长阶段转向高质量发展阶段；生态文明建设是中华民族永续发展的千年大计。立足于党中央对新时代中国历史发展阶段的科学定位，科学处理"既要金山银山，又要绿水青山"的经济高质量发展与生态环境保护的关系，就成为实现后中国经济转型和可持续发展、建设生态文明社会的必然选择。

然而，在过去的经济发展中，中国并没有实现经济高质量增长和生态环境保护相互协调发展。为此，很多学者为了探究其中的内在原因，在国家层面或者地区层面上对造成环境污染的格局及其影响因素进行了研究，并且取得了很多有意义的成果。例如，在国家层面，从库兹涅兹曲线中人均收入水平与环境污染程度的倒"U"形曲线出发，研究污染物排放与经济发展的关系，并进一步分析污染物排放驱动因素、工业化过程的污染物排放响应、污染物排放的空间格局与溢出效应等方面；在地区层面，运用诸如 STIRPAT 模型、VAR 模型、脱钩指数模型、Kuznets 曲线模型以及 LMDI 指数模型，对特定地区在省级层面上的污染物排放强度进行了影响因素的分析。这些研究揭示出来的事实是，中国经济增长与环境污染处于同步上升阶段，环境质量并未随经济增长而改善，二者耦合可将各省份划分为低污染—高发展、中污染—中高发展、中污染—中发展、高污染—中发展四种类型。

鉴于上述研究结论，对于中国宏观生态环境的研究，一方面进行影响生态环境的因素分析是有必要的，它有利于发现影响中国生态环境恶化的主要矛盾和矛盾的主要方面；另一方面，生态环境是社会宏观运动的一个子过程，与社会宏观其他变量之间是相互隔离和耦合的关系，因此有必要把生态环境置于总体宏观环境中，对生态环境变量和宏观其他变量进行整体性功能分类，以此对宏观经济背景之下的影响因素按照功能进行重新评价，以此探索出影响宏观社会经济的因子，并对这些因子的内涵进行识别，以此寻求社会宏观经济背景下的生态环境治理对策。

要得到上述结论，基本的分析工具是进行因子分析，只有通过因子分析，才可以了解到各个局域状态的因子的基本状况，并制定出相应政策。本研究将利用湖北省的社会经济发展数据进行生态环境的因子分析，了解湖北省各地市生态因子的状态，并提出若干政策，为改善地区生态环境的状态服务。与此同时，因子分析中得出的各种因子构成，也可以成为其他社会经济分析的起点，例如进行聚类分析时，可以根据因子得分对变量进行各种分类，等等。

二、研究方法

(一)因子分析法的基本思想

因子分析是一种多变量分析方法，它是从变量群中提取共性因子的统计方法，最早由英国心理学家 C. E. 斯皮尔曼提出。他在研究学生的各科成绩时发现学生的各科成绩之间存在相关性，即某一科成绩较好的学生，一般他的其他科目的成绩也很好。后来他推想是否存在某种潜在具有共性的因子，即这些共性因子促进了学生成绩整体的提高。因此，他将具有相同性质的变量归结为一个因子，从而减少了变量的类型，更好地理解了学生成绩内部的结构和本质。

后来的统计学家把这种思想更加详细化和具体化将相关变量进行分组，相关性较高的变量为一组，相关性较低的变量为一组。每组变量代表着一种基本结构，这个结构就是公共因子。

在数据分析中，一个样本通常会有很多变量来描述，而且这些变量之间往往有某种联系，因子分析就是要把这种联系找出来，用更少的变量表示，它能够帮助我们对复杂的经济问题进行分析和解释，从数据中找寻我们没有留意到的变量的隐藏关系，有利于我们对多维数据的理解。

(二)因子分析法模型

假设有一组 $n×p$ 的数据 X，n 为样本数，p 为变量数。因子模型要求 X 线性依赖于几个不能观测的被称为公共因子的随机变量 F 和称为特殊因子的变差源 ε。因子提取模型：

$$X = AF + \varepsilon \tag{1}$$

式(1)被称为因子分析模型，由于该模型是针对变量进行的，各因子是正交的，所以也称为 R 型正交因子模型。其中因子载荷矩阵 $A = (a_{ij})$，a_{ij} 为第 i 个变量在第 j 个因子上的载荷，a_{ij} 绝对值越大，表明 x_i 与 F_j 的相依程度越大。F 为公共因子向量，$F = (F_1, F_2, \cdots, F_m)$，叫作主因子，它们是在各个原观测变量的表达式中都共同出现的因子，是相互独立的不可观测的理论变量。

公共因子的含义，必须结合具体问题的实际意义而定。ε 为特殊因子向量，$\varepsilon = (\varepsilon_1, \varepsilon_2, \cdots, \varepsilon_p)$，是向量 X 的分量 x_i 所特有的因子，各特殊因子之间以及特殊因子与所有公共因子之间是相互独立。模型中载荷矩阵 A 中的元素 (a_{ij}) 为因子载荷。因子载荷 a_{ij} 是 x_i 与 F_j 的协方差，也是 x_i 与 F_j 的相关系数，它表示 x_i 依赖 F_j 的程度。可将 a_{ij} 看作第 i 个变量在第 j 公共因子上的权，a_{ij} 的绝对值越大，表示 x_i 与 F_j 的相依赖程度越大，或称公共因子 x_i 与 F_j 对于 x_i 的荷载量越大。

为了得到因子分析结果的经济解释，因子荷载矩阵 A 中有两个统计量十分重要，即变量共同度和公共因子的方差贡献。

将因子荷载矩阵 A 的第 j 列 $(j = 1, 2, \cdots, m)$ 的各元素的平方和记为 g_j^2，称为公共因子 F_j 对 X 的方差贡献，g_j^2 就表示第 j 个公共因子 F_j 对于 X 的每一分量 x_i 所提供方差的总和，它是衡量公共因子相对重要性的指标。g_j^2 越大，表明公共因子 F_j 对 X 的贡献越大，或者说对 X 的影响和作用就越大。如果将因子荷载矩阵 A 的所有 $g_j^2(j = 1, 2, \cdots, m)$ 都计算出来，使其按照大小排序，就可以依次提炼出最有影响力的公共因子。

模型通常需满足以下假设：

$E(F) = 0$，$\text{Cov}(F) = E(FF') = I$，$E(\varepsilon) = 0$，$\text{Cov}(\varepsilon) = E(\varepsilon\varepsilon') = \Omega$ 其中 $\Omega = (\sigma_{ij})$，而且 F 与 ε 独立，所以 $\text{Cov}(\varepsilon, F) = E(\varepsilon F') = 0$。

从因子分析模型可以推出 X 的协方差矩阵：

$$\sum = \mathrm{Cov}(X) = E(XX') = E(AF + \varepsilon)(AF + \varepsilon')$$
$$= E(AFF'A' + AF\varepsilon' + \varepsilon F'A' + \varepsilon\varepsilon')$$
$$= AE(FF')A' + AE(F\varepsilon') + E(\varepsilon F')A' + E(\varepsilon\varepsilon')$$

协方差矩阵 $\sum$ 与相关矩阵 R 相等。

根据上面的假设条件，最后可以得到 $\sum = AA' + \Omega$，也就是说变量 x_i 的方差由两部分组成，一部分是由所有公共因子的影响组成，另外一部分由特殊因子的方差组成。

因子分析的计算目的就是要找出因子载荷矩阵 A，使得原变量的方差能够尽可能地被公共因子所影响。

(三)因子旋转

建立因子分析模型的目的不仅在于找到主要因子，更重要的是提炼出主要因子的经济学含义，但是在进行计算的过程中会发现，有时候即使提炼出了主要因子，但是这些因子并不典型，在统计学上的做法是在特定坐标系下进行因子旋转，使得因子向坐标系的两极运动，大的变得更大，小的变得更小，从而特征更加清晰，以便于对因子赋予特定的社会经济含义提供标杆。

进行因子旋转的方法有很多种。正交旋转(Orthogonal Rotation)和斜交旋转(Oblique Rotation)是因子旋转的两类方法。

最常用的方法是用最大方差正交旋转法(Varimax)进行因子旋转。该方法是使因子载荷矩阵中因子荷载的平方值向 0 和 1 两个方向分化，使大的载荷更大，小的载荷更小。因子旋转过程中，如果因子对应轴相互正交，则称为正交旋转；如果因子对应轴相互间不是正交的，则称为斜交旋转。常见的斜交旋转方法有Promax 法等。

(四)因子得分

因子分析模型建立后，主要功能在于计算每个样本的因子得分，并利用该因子得分对该样本的状态进行评估。因子得分的估计方法一般是根据主成成分分析方法求出的。依据主成分分析方法求出各因子负载 a 的值，该值就是该变量的一个因子得分。该因子得分可以用于对变量的评估，也可以用于其他计量经济分析方法调用，成为其他统计分析的基础。

（五）SPSS 软件中的操作步骤

在 SPSS 软件之下，进行因子分析的基本步骤如下：

（1）变量的标准化。该方法在 SPSS 软件计算时默认进行，并不需要人工干预。

（2）以变量的相关系数矩阵来判断变量是否可以进行因子分析。有时也使用巴特利特球星检测（Bartlett 检测）来判断变量是否适合进行因子分析。

（3）初始因子载荷阵估计。在 SPSS 软件中默认采取的方法是主成分分析方法。

（4）因子个数确定。因子个数确定的手段有两种，一种是研究者制定，例如研究者按照需要觉得有必要设置的因子的个数，一般因子的数量不能大于特征变量的数量。另一种是根据一些标准确定，例如，特征值≥1，因子累计方差贡献≥85%等。

（5）因子载荷阵的旋转。在因子的特征不明显时，有必要进行因子旋转来使得因子负载的特征更加明显。常用方差最大化正交旋转。

（6）因子的命名。在进行旋转之后，对因子负载对应的因子进行符合社会经济特征的重新界定。

（7）因子得分。SPSS 软件会提供默认为基于 Thomson 回归法起初的因子得分值，该值可以进行因子的社会经济评价分析。

三、研究过程

（一）变量选择和数据来源

指标选择不仅仅是本研究的难点，也是几乎所有量化分析的难点。社会经济的特征是多维度的，涉及方方面面的指标，要对所有的指标都进行因子分析是不可能也不现实的，有些指标甚至在现实的统计数据中无法寻找到对应的数据。因此，本研究只能选择能够反映社会经济发展的最核心和最主要的方面来进行表征。我们认为生态环境主要与宏观经济的发展状态、产业、当地的经济实力有关，为此，在选择指标时主要考虑上述因素。

基于上述考虑，本研究选择进行因子分析的变量主要分为如下几类：

(1)反映地区经济发展状况的指标，用 GDP 来进行表征。

(2)反映地区能源使用的指标，用人均能源消耗来表征。

(3)反映地区生态环境的指标，用人均碳排放来表征。

(4)反映地区产业结构的指标，用第一产业产值、第二产业产值和第三产业产值来表征。

(5)反映地区资源能力运用的指标，用地区公共预算支出和公共预算收入来表征。

(6)反映地区经济实力的指标，用地区人民币年末存款余额和人民币年末贷款余额来表征。变量的含义表见表 5-1。本研究的数据来源于 2014—2017 年的《湖北省统计年鉴》。

表 5-1 湖北省因子分析的指标和变量表

指标	变量选择	变量编号
地区经济发展状态指标	人均地区生产总值	X_1
地区能源使用指标	人均能源消耗量	X_2
地区生态环境指标	人均碳排量	X_3
地区产业结构指标	第一产业生产总值	X_4
	第二产业生产总值	X_5
	第三产业生产总值	X_6
地区资源能力运用指标	地方一般公共预算支出	X_7
	地方一般公共预算收入	X_8
地区经济实力指标	年末金融机构人民币各项存款余额	X_9
	年末金融机构人民币各项贷款余额	X_{10}

(二)因子分析模型的建立过程

1. 判断数据是否适合因子分析。

在对各项指标的原始数据标准化后，本章利用 KMO 和 Bartlett 检验来检验数据是否适合进行因子分析。通过 SPSS 软件计算相关指标，结果如表 5-2 所示。KMO 值为 0.679>0.5，Bartlett 球形检验的卡方统计值的显著性概率 sig. = 0.000，小于 0.001，达到了非常显著水平，拒绝了相关系数矩阵为单位矩阵的原假设，说明本研究的数据具有相关性，适合进行因子分析。

表 5-2 　　　　　　　　　　　**KMO 和 Barlett 的检验**

Kaiser-Meyer-Olkin Measure of Sampling Adequacy		0.679
Bartlett's Test of Sphericity	Approx. Chi-Square	363.585
	df	45
	Sig.	0.000

2. 因子载荷矩阵的计算

利用主成分分析法对上述 10 个变量进行抽取，选择方差最大法（Varimax）进行旋转，计算得到特征值、方差贡献率和累积贡献率（见表 5-3）。以特征根大于 1 为标准，可以提取 2 个公共因子，其累计方差贡献率为 90.27%，大于 85%，说明通过该方法提取的前两个因子可以解释生态环境经济形势的水平，而其他因子的影响可以忽略不计。

表 5-3 　　　　　　　　　　　**特征根与方差表**

成分	初始特征值			提取平方和载入			旋转平方和载入		
	合计	方差的%	累计的%	合计	方差的%	累计的%	合计	方差的%	累计的%
1	6.92	69.18	69.175	6.917	69.18	69.175	6.45	64.49	64.49
2	2.11	21.1	90.27	2.11	21.1	90.27	2.58	25.78	90.27
3	0.67	6.69	96.96						
4	0.2	2	98.96						
5	0.05	0.53	99.49						
6	0.04	0.36	99.84						
7	0.01	0.11	99.95						

续表

成分	初始特征值			提取平方和载入			旋转平方和载入		
	合计	方差的%	累计的%	合计	方差的%	累计的%	合计	方差的%	累计的%
8	0.01	0.04	99.98						
9	0.01	0.02	99.99						
10	0	0.01	100						

完成公共因子的提取之后，需要检验指标之间的共同度。表5-4显示，除第一产业生产总值以外，所有变量的共同度都在90%左右，说明提取的公因子对各变量的解释能力是非常强的。

表5-4　　　　　　　　　　　　变量共同度

变　量	初始	提取
人均地区生产总值(X_1)	1.000	0.834
人均能源消耗量(X_2)	1.000	0.946
人均碳排量(X_3)	1.000	0.946
第一产业生产总值(X_4)	1.000	0.486
第二产业生产总值(X_5)	1.000	0.975
第三产业生产总值(X_6)	1.000	0.990
地方一般公共预算支出(X_7)	1.000	0.955
地方一般公共预算收入(X_8)	1.000	0.949
年末金融机构人民币各项存款余额(X_9)	1.000	0.980
年末金融机构人民币各项贷款余额(X_{10})	1.000	0.965

3. 因子旋转

利用方差最大化来对初始因子载荷矩阵进行旋转，对初始提取出的因子载荷矩阵向0-1方向进行极化，可以得到简单的解释因子。旋转后的因子载荷矩阵见表5-5。表5-5中，依据因子负载大于0.5和小于0.5为标准进行重新分类，可以看出：

表 5-5 旋转成分矩阵

	成分	
	1	2
人均地区生产总值(X_1)	0.815	0.411
人均能源消耗量(X_2)	0.451	0.862
人均碳排量(X_3)	0.323	0.918
第一产业生产总值(X_4)	0.496	−0.490
第二产业生产总值(X_5)	0.973	−0.168
第三产业生产总值(X_6)	0.981	−0.164
地方一般公共预算支出(X_7)	0.975	−0.067
地方一般公共预算收入(X_8)	0.970	−0.093
年末金融机构人民币各项存款余额(X_9)	0.975	−0.174
年末金融机构人民币各项贷款余额(X_{10})	0.974	−0.131

注：提取方法为主成分分析法，旋转法为具有 Kaiser 标准化的正交旋转法，旋转在 3 次迭代后收敛。

因子 1 的载荷主要集中在变量 X_1(人均地区生产总值)、X_4(第一产业生产总值)、X_5(第二产业生产总值)、X_6(第三产业生产总值)、X_7(地方一般公共预算支出)、X_8(地方一般公共预算收入)、X_9(年末金融机构人民币各项存款余额)、X_{10}(年末金融机构人民币各项贷款余额)上。这些指标基本都是与经济相关的指标，因此可以判断因子 1 是一个"经济因子"。

因子 2 的载荷主要集中在 X_2(人均能源消耗量)、X_3(人均碳排量)。这些指标都是与生态环境相关，因此可以判断因子 2 为"生态因子"。

4. 计算因子得分，得出综合得分模型

为了建立生态环境经济表达式，得到因子得分系数矩阵如表 5-6 所示，2017 年的两个公共因子的线性形式分别为：

$F_1 = 0.051X_1 - 0.066X_2 - 0.092X_3 + 0.141X_4 + 0.159X_5 + 0.159X_6 + 0.144X_7 + 0.147X_8 + 0.160X_9 - 0.153X_{10}$

$F_2 = 0.222X_1 + 0.409X_2 - 0.428X_3 - 0.198X_4 - 0.032X_5 - 0.030X_6 + 0.014X_7 + 0.002X_8 - 0.034X_9 - 0.015X_{10}$

表 5-6　　　　　　　　　　　　成分得分系数矩阵

	成分 1	成分 2
人均地区生产总值(X_1)	0.051	0.222
人均能源消耗量(X_2)	−0.066	0.409
人均碳排量(X_3)	−0.092	0.428
第一产业生产总值(X_4)	0.141	−0.198
第二产业生产总值(X_5)	0.159	−0.032
第三产业生产总值(X_6)	0.159	−0.030
地方一般公共预算支出(X_7)	0.144	0.014
公共预算收入(X_8)	0.147	0.002
年末金融机构人民币各项存款余额(X_9)	0.160	−0.034
年末金融机构人民币各项贷款余额(X_{10})	0.153	−0.015

按各公因子对应的方差贡献率为权数计算 2017 年的综合统计量：

$F=0.7663F_1+0.2337F_2$　（F 是综合因子得分，F_1 是经济因子，F_2 是生态因子）

5. 计算生态环境经济形势的综合得分

依据综合因子得分的计算公式，可以计算出湖北省 17 个城市生态环境经济形势的综合得分表(见表 5-7)，按照上述计算过程和方式可以得到 2014—2017 年湖北省 17 个城市的生态环境经济的经济因子、生态因子和综合因子得分表(见表5-7)。

表 5-7　湖北省 17 城市 2014—2017 年因子分析的经济因子、环境因子和综合因子得分

	2014 年			2015 年			2016 年			2017 年		
	经济	生态	综合	经济	生态	综合	经济	生态	综合	经济	生态	综合
武汉	3.57	0.98	2.71	3.50	0.94	2.70	3.63	0.60	2.80	3.70	−0.34	2.76
黄石	−0.64	1.18	−0.04	−0.55	1.11	−0.03	−0.34	0.55	−0.10	−0.13	0.85	0.09
十堰	0.10	−1.13	−0.31	0.05	−1.05	−0.30	−0.16	−0.88	−0.36	−0.36	−0.94	−0.49

续表

	2014 年			2015 年			2016 年			2017 年		
	经济	生态	综合	经济	生态	综合	经济	生态	综合	经济	生态	综合
宜昌	0.41	0.40	0.41	0.51	0.53	0.52	0.51	0.30	0.45	0.42	-0.11	0.30
襄阳	0.05	1.20	0.43	0.49	0.36	0.45	0.50	-0.08	0.34	0.38	-0.09	0.27
鄂州	-0.76	1.28	-0.09	-0.72	1.24	-0.10	-0.42	0.95	-0.04	-0.02	1.19	0.26
荆州	-0.51	0.91	-0.04	-0.43	0.90	-0.01	-0.28	0.60	-0.04	-0.07	0.96	0.17
孝感	0.14	-1.09	-0.27	0.10	-1.01	-0.25	-0.10	-0.88	-0.31	-0.31	-0.91	-0.45
荆门	0.22	-0.99	-0.18	0.21	-1.09	-0.20	0.01	-0.96	-0.25	-0.22	-1.01	-0.40
黄冈	0.35	1.62	0.30	0.25	1.52	0.31	0.03	1.31	0.38	0.30	1.49	0.58
咸宁	-0.35	0.02	-0.23	-0.34	-0.09	-0.26	-0.33	-0.03	-0.25	-0.27	0.26	-0.15
恩施	-0.25	-0.62	-0.37	-0.33	-0.54	-0.40	-0.39	-0.46	-0.41	-0.45	-0.35	-0.43
随州	-0.05	-0.77	-0.29	-0.13	-0.87	-0.36	-0.19	-0.77	-0.35	-0.58	-0.66	-0.60
仙桃	-0.59	0.42	-0.26	-0.61	0.56	-0.24	-0.45	0.54	-0.18	-0.33	0.66	-0.10
潜江	-0.78	1.13	-0.15	-0.95	1.81	-0.08	-0.85	2.86	0.17	-0.15	2.56	0.49
天门	-0.25	-0.99	-0.49	-0.40	-0.82	-0.53	-0.45	-0.63	-0.50	-0.59	-0.44	-0.56
神农架	-0.65	-0.30	-0.54	-0.67	-0.46	-0.61	-0.67	-0.39	-0.59	-0.72	-0.14	-0.58

四、统计数据解读

(一)因子分析结论的数据解读

根据表 5-7，可以得到如下结论：

(1)在经济因子中，相对而言，尽管在若干城市中(例如，宜昌市等)出现了经济因子下降的局面，但从总体上看，湖北省 17 个市州的经济因子呈现的都是上升态势。由于年份相隔太近，湖北省 2014—2017 年三年的因子分析中的数值相距较小，尽管较小，但是仔细鉴别，还是可以看出主要城市中经济因子的数字在稍微增大，这反映出湖北省 2014—2017 年经济在继续蓬勃发展的事实。表 5-7 中经济因子的规律可以通过图 5-1 直观揭示出来。

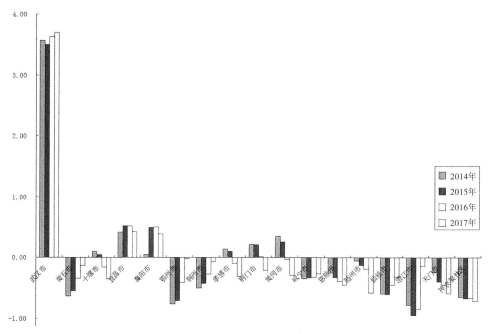

图 5-1　湖北省 17 市州 2014—2017 年经济因子分布图

（2）在生态因子中，湖北省副中心城市，例如宜昌、襄阳、黄石，以及武汉市的生态因子在 2014—2017 年的短短三年中都出现了下降的趋势。而其他的城市中，生态因子有涨有跌。总体看，湖北省 17 个市州在 2014—2017 年任何一个年度的综合因子的最高分和最低分差距都较大，并且有 13 个市州的得分为负值，表明湖北省生态环境状态不容乐观。虽然时间很短，但是生态因子在这三年的变化特别大。经济较发达地区的生态环境因子得分较低，表明目前湖北省的经济发展水平与生态环境的发展负相关，经济发展水平越高的城市对生态环境的损害也较严重，这说明有些地方的经济增长可能是以生态为代价来进行的。表 5-7 中生态因子的变化状态可以用图 5-2 进行清晰揭示。

（3）在综合因子得分中，也就是从生态和经济的综合来看，在 2014—2017 年的四年中，湖北省有些市的因子综合得分是持续上升趋势，有些市是波动中最终上升状态，有些市是持续下降趋势，有些市是在波动中最终下降的状态。利用因子得分可以对湖北省 17 个市州的状态进行简单分类。持续上升地区包括：武汉市、仙桃市、潜江市。波动中最终上升地区包括：黄石市、鄂州市、荆州市、咸宁市。持续下降地区包括：十堰市、荆门市、黄冈市、恩施市、随州市。波动中最终下降的地区包括：宜昌市、襄阳市、孝感市、天门市。

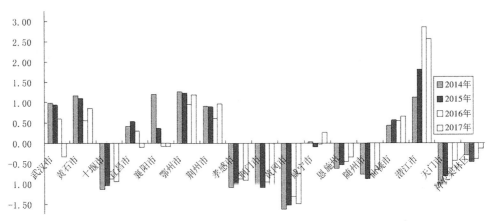

图 5-2　湖北省 17 市州 2014—2017 年生态因子分布图

表 5-8　　　　　湖北省 17 个市州 2014—2017 年因子综合得分评价表

	2014 年	2015 年	2016 年	2017 年	评价
武汉市	2.71	2.70	2.80	2.76	持续上升
黄石市	−0.04	−0.03	−0.10	0.09	波动，最终上升
十堰市	−0.31	−0.30	−0.36	−0.49	持续下降
宜昌市	0.41	0.52	0.45	0.30	波动，最终下降
襄阳市	0.43	0.45	0.34	0.27	波动，最终下降
鄂州市	−0.09	−0.10	−0.04	0.26	波动，最终上升
荆州市	−0.04	−0.01	−0.04	0.17	波动，最终上升
孝感市	−0.27	−0.25	−0.31	−0.45	波动，最终下降
荆门市	−0.18	−0.20	−0.25	−0.40	持续下降
黄冈市	−0.30	−0.31	−0.38	−0.58	持续下降
咸宁市	−0.23	−0.26	−0.25	−0.15	波动，最终上升
恩施州	−0.37	−0.40	−0.41	−0.43	持续下降
随州市	−0.29	−0.36	−0.35	−0.60	持续下降
仙桃市	−0.26	−0.24	−0.18	−0.10	持续上升
潜江市	−0.15	−0.08	0.17	0.49	持续上升
天门市	−0.49	−0.53	−0.50	−0.56	波动，最终下降
神农架林区	−0.54	−0.61	−0.59	−0.58	波动，最终下降

（二）基于因子分析法的 Topsis 综合评价法

上文简单地将每年的综合因子得分加总来评价各个省份的社会经济生态发展状态，但是由于年份太短，数据之间的差异较小，造成上述简单加总评价方法还是存在令人诟病之处，例如数据差异太小，信心有限，说服力不够。鉴于此，本部分在前述因子分析和不影响数据客观性的基础上，对因子分析的结果采取 Topsis 方法进行综合评价，以此来解决因子分析在面板数据中不能反映一个区间社会经济综合发展水平的缺陷。

1. Topsis 综合评价法

Topsis 综合评价法，是一种从所给有限方案中寻找最优决策方案的方法。它的过程是：（1）先对原始变量进行同趋势化转换，即将原始变量都转换为同向指标；（2）再对转换后的变量进行标准化处理；（3）通过咨询专家对各个变量所占权重进行赋值，并构造出加权规范化矩阵；（4）对加权规范化矩阵挑选出正理想解（各变量的取值为各个方案的最优值）与负理想解（各变量的取值为各个方案的最劣值）；（5）计算出各个方案与正理想解的接近程度并按照接近程度对各个方案进行排序，最终得出与正理想解接近程度最大的方案即为最优决策方案。

Topsis 综合评价法的优点是操作简单，对数据分布和样本容量无严格要求。它是医疗卫生、生态环境检测等领域的一种基本评价工具。在生态环境检测领域，通过把每个监测点看成 TOPSIS 综合评价法中的决策方案，然后计算各监测点与"正理想解"的接近程度来对监测点的环境质量进行排序，进而得出最终的评价结果。

在使用 Topsis 综合评价法的过程中，构造加权规范化矩阵需要咨询专家的意见，因此对于变量的赋权问题，就无法消除专家的主观因素问题，这就造成这种方法的结论还是存在主观性可能。为了使 Topsis 综合评价法的结果更加具有客观性，本部分通过采用"基于熵权法的 Topsis 综合评价方法"来构建综合指标进行综合评价。思路是：（1）通过熵权法来代替专家意见对原始变量进行赋权；（2）将所得权重代入 Topsis 综合评价法加权规范化矩阵中进行最终的方案评价。

这样就可以避免 Topsis 综合评价法中专家的主观因素问题，使最终评价结果的客观性和科学性得以体现。

2. 基于熵权法下综合指标的构造及其最终评价

所选有关湖北省生态环境经济形势水平的指标为正向指标，即指标值越大越好。当各项指标均取最大值时得"正理想解"，当各项指标均取最小值时得"负理想解"。

因此，取湖北省 17 个地市在 2014—2017 年每年综合因子得分的最大值和最小值，可以得到湖北省的生态环境经济形势水平综合指标的"正理想解"和"负理想解"（见表 5-9）。

表 5-9　　　　　　湖北省 17 个地市州 2014—2017 年因子得分的理想解

	2014 年	2015 年	2016 年	2017 年
正理想解	2.71	2.70	2.80	2.76
负理想解	−0.54	−0.61	−0.60	−0.58

湖北省 17 个地市州的综合因子得分"正理想解"和"负理想解"之间的距离见表 5-10。

距离的计算公式利用欧式距离表征。其中距离 D^+ 表示与正理想解之间的距离，距离 D^- 表示与负理想解之间的距离，公式如下：

$$距离 \ D^+ = \left(\sum (正理想解 - 因子得分_i)^2 \right)^{1/2}$$

$$距离 \ D^- = \left(\sum (正理想解 - 因子得分_i)^2 \right)^{1/2}$$

公式中，下标 i 代表年份。

表 5-10　　　　　　湖北 17 个地市州正、负理想解之间的距离

地市	与"正理想解"之间的距离 D^+	与"负理想解"之间的距离 D^-
武汉市	0	6.642641
黄石市	5.521677	1.132583
十堰市	6.215018	0.458229
宜昌市	4.645624	2.009031
襄阳市	4.742834	1.909361

地市	与"正理想解"之间的距离 D^+	与"负理想解"之间的距离 D^-
鄂州市	5.475695	1.212245
荆州市	5.442313	1.21768
孝感市	6.126813	0.544002
荆门市	6.004069	0.663769
黄冈市	6.273018	0.433956
咸宁市	5.924873	0.724156
恩施州	6.287997	0.357368
随州市	6.292547	0.421905
仙桃市	5.870804	0.786422
潜江市	5.291907	1.463647
天门市	6.524168	0.129251
神农架林区	6.642641	0

最后计算各地市州与"正理想解"的贴近度：$C_i = \dfrac{D^-}{D^+ + D^-}$。

该指标是用于评价各个地市州社会经济评价的最终指标，计算的结果见表 5-11。

表 5-11　湖北省 17 个地市州 2014—2017 年社会经济生态综合评价结果及排名

地区	C_i	排名	地区	C_i	排名
武汉市	1	1	荆门市	0.099548	10
宜昌市	0.301899	2	孝感市	0.08155	11
襄阳市	0.287027	3	十堰市	0.068667	12
潜江市	0.216658	4	黄冈市	0.064702	13
荆州市	0.182835	5	随州市	0.062835	14
鄂州市	0.181258	6	恩施州	0.053777	15
黄石市	0.170204	7	天门市	0.019426	16
仙桃市	0.118131	8	神农架林区	0	17
咸宁市	0.108912	9			

通过表 5-11，可以看到湖北省 17 个地市州 2014—2017 年社会经济的最终发展排名情况。其中武汉市 C_i（贴近度）较高，综合评价结果靠前，宜昌市、襄阳市、潜江市的生态环境经济形势水平依次次之，恩施州、天门市和神农架林区等地的生态环境经济形势水平最差。这个排名是客观的。因为武汉、宜昌、襄阳作为主要的工业城市，经济相对发达，是湖北省的主要经济中心，而西部的恩施、十堰等地，经济受地缘影响，相对落后。

利用上述方法，对其中的生态因子进行相似计算得到湖北省 17 个地级市 2014—2017 年生态因子的排名情况。过程略去，最终的计算结果和排名情况见表 5-12。

表 5-12　　湖北省 17 个市州 2014—2017 年生态因子综合评价结果及排名

地区	C_i	排名	地区	C_i	排名
潜江市	0.979465	1	神农架林区	0.294736	10
鄂州市	0.677328	2	恩施州	0.252433	11
黄石市	0.60795	3	天门市	0.20002	12
荆州市	0.601347	4	随州市	0.172412	13
仙桃市	0.533088	5	孝感市	0.123976	14
武汉市	0.509702	6	十堰市	0.117141	15
襄阳市	0.455674	7	荆门市	0.131339	16
宜昌市	0.452778	8	黄冈市	0.062962	17
咸宁市	0.395862	9			

从生态因子的排序中可以看出，湖北省中潜江市、鄂州市、黄石市的排名相对较高，工业排名前列的城市的排名普遍不高。所以湖北省的经济建设中，依赖牺牲环境来发展经济的趋势并没有从根本上得到解决，在这一点上，工业强市需要把发展经济中积累的资源用来改善生态环境。

利用上述方法，对其中的经济因子进行相似计算得到湖北省 17 个地级市 2014—2017 年经济因子的排名情况。过程略去，最终的计算结果和排名情况见

表 5-13。

表 5-13   湖北省 17 个市州 2014—2017 年经济因子综合评价结果及排名

地区	C_i	排名	地区	C_i	排名
武汉市	0.99953	1	咸宁市	0.113705	10
宜昌市	0.29218	2	恩施州	0.108209	11
襄阳市	0.269617	3	黄石市	0.098584	12
黄冈市	0.209145	4	天门市	0.096697	13
荆州市	0.20381	5	鄂州市	0.094457	14
孝感市	0.182089	6	仙桃市	0.076459	15
十堰市	0.171245	7	潜江市	0.062555	16
随州市	0.142149	8	神农架林区	0.039407	17
荆州市	0.117606	9			

在经济因子的排序中湖北省经济发展较好的城市分别为武汉市、宜昌市、襄阳市和黄冈市。而经济相对落后为神农架林区、潜江市、仙桃市等。对比环境因子的状态,可以看到经济相对落后的地市,实际上,其生态因子的排序是比较靠前的。这从另一个侧面证实了湖北省城市经济的增长还没有摆脱依赖环境贡献的趋势。

SPSS 软件上用生态因子和环境因子为标志变量,对 17 个城市进行聚类分析,得到图 5-3。图 5-3 表示变量之间的分类关系。按照 3 个类别来分的话,湖北省 17 个地市大致分为三类,详细情况见表 5-14。

在表 5-14 中,湖北省的地市城市按照经济因子和生态因子的状态可以分为三类。一类是经济因子很好,但是生态因子很弱的城市,主要是武汉市;第二类是经济因子很弱,但是生态因子很好的城市,主要是潜江市;第三类是经济因子和生态因子都不典型的城市,主要是出去武汉和潜江市之外的其他 15 个地市。

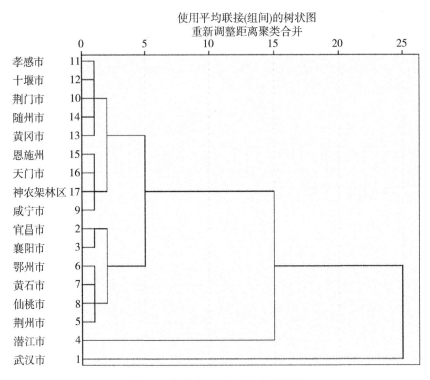

图 5-3　湖北省 17 个地级市分类图

表 5-14　　　　　湖北省 17 个地级市按照经济因子和生态因子分类情况表

类别	城　　市	特征
类别一	武汉市	经济因子强，生态因子弱
类别二	潜江市	经济因子弱，生态因子强
类别三	除武汉市和潜江市外的其他 15 个湖北省地级市	经济因子和生态因子不典型

五、结论及政策建议

基于上述分析，本研究的基本结论如下：

（1）在湖北省的 17 个地市级城市中，在生态建设和经济建设中，存在着生态建设和经济建设中的负相关关系，即经济建设较好的城市，生态建设一般般，而生态建设较好的城市，经济建设相对较差。这说明在湖北省的社会经济发展中，有些城市的经济建设是以生态建设为代价进行的。重经济轻生态的经济发展趋势依然存在。

（2）尽管存在重经济轻生态的情景，但是从综合状态来看，总体社会经济评价中，湖北省主要城市，例如武汉、襄阳、宜昌、黄石的整体综合排名相当好。这种状态与区域经济发展的布局有关，在 2003 年 8 月，国务院批准了《湖北省城镇体系规划》，明确把宜昌、襄阳定位为"省域副中心城市"。2003 年 9 月，省委省政府《关于加强城镇建设工作的决定》明确指出："加快省域副中心城市宜昌和襄阳的发展"，"襄阳和宜昌市要充分发挥区位交通和周边城镇相对密集、人口与产业较为集中的优势，优化和整合资源，做好大都市区发展规划，实现区域内城镇合理分工和基础设施共建共享，形成强有力的群体效应，更好地发挥其对省域西北部地域和西南部地域的辐射带动作用"。这种区位定位，使得各种资源向其聚集，形成了这些城市的大发展，但是在发展过程中，生态环境建设出现了滞后现象。

本研究认为，可以采取的对策和措施如下：

第一，各地政府要把经济建设和生态建设同步发展的观念，作为一个地区社会经济发展的信条，贯彻到各项工作过程中。在制定社会经济政策的过程中综合考虑经济和生态环境之间的相互关系和可持续发展问题，不能一味为了经济增长牺牲环境，把经济发展建立在环境破坏的基础上，各种政策细节都应充分体现对环境保护的重视，并在执行中严格实施。

第二，针对在经济发展中，把生态环境作为公共资源，通过破坏生态环境来实现自身发展的组织、个人、企业的各种违章违法行为，加大惩处的力度。建立严格的监督和追责机制，对各种破坏生态的行为实施零容忍政策。通过对生态环境违法违纪的惩处标杆效应，让全社会树立环境意识和保护生态环境的责任感，对各种生态环境违法乱纪者产生威胁力和震撼力。

第三，加强对环保领域的投资，在生产领域使用低碳排放、低能耗技术，以高效率的生产方式来弥补环境保护带来的成本效应问题。通过各种清洁技术，让全社会的生产建立在低碳排放和低能耗的基础上，让经济走上持续发展的良性道路，并形成持续的有利于生态环境建设的技术投资热潮，形成社会生产的良性滚动进行，实现社会经济发展的正反馈过程。

参考文献

[1] 赵慧琴，朱建平. 如何用 SPSS 软件计算因子分析应用结果[J]. 统计与决策，2019，35(20)：72-77.

[2] 刘照德，詹秋泉，田国梁. 因子分析综合评价研究综述[J]. 统计与决策，2019，35(19)：68-73.

[3] 王育宝，陆扬，王玮华. 经济高质量发展与生态环境保护协调耦合研究新进展[J]. 北京工业大学学报(社会科学版)，2019，19(5)：84-94.

[4] 逯进，常虹，汪运波. 中国区域能源、经济与环境耦合的动态演化[J]. 中国人口·资源与环境，2017，27(2)：60-68.

[5] 周侃，樊杰. 中国环境污染源的区域差异及其社会经济影响因素——基于339个地级行政单元截面数据的实证分析[J]. 地理学报，2016，71(11)：1911-1925.

[6] 周颖，王洪志，迟国泰. 基于因子分析的绿色产业评价指标体系构建模型及实证[J]. 系统管理学报，2016，25(2)：338-352.

[7] 王斌会，李雄英. 稳健因子分析方法的构建及比较研究[J]. 统计研究，2015，32(5)：84-90.

[8] 范建双，虞晓芬，张利花. 中国区域城镇化综合效率测度及其动力因子分析[J]. 地理科学，2015，35(9)：1077-1085.

[9] 沈国兵，张鑫. 开放程度和经济增长对中国省级工业污染排放的影响[J]. 世界经济，2015，38(4)：99-125.

[10] 李茜，胡昊，罗海江，林兰钰，史宇，张殷俊，周磊. 我国经济增长与环境污染双向作用关系研究——基于 PVAR 模型的区域差异分析[J]. 环境科学学报，2015，35(6)：1875-1886.

[11] 秦伯强，张运林，高光，朱广伟，龚志军，董百丽. 湖泊生态恢复的关键因子分析[J]. 地理科学进展，2014，33(7)：918-924.

[12] 李小胜，宋马林，安庆贤. 中国经济增长对环境污染影响的异质性研究[J]. 南开经济研究，2013(5)：96-114.

第六章　湖北省生态环境经济形势的数据包络DEA分析

一、问题的提出

湖北省位于中国地理腹地中心，是我国第二阶梯向第三阶梯的过渡地区，是中国重要的交通枢纽性省份。京珠高速公路、京广高速铁路、长江都从其境地通过，它是链接南北东西的节点性省份，也是中国三峡工程的所在地，是南水北调的水源所在地。独特的区位使得湖北省在中国的生态环境和文明建设中，处于积极重要的地位，作为全国一盘棋的大背景之下，生态建设如果湖北省缺席，想把中国的生态建设好基本是空话。

然而，由于长期的工业发展和全球环境气候的变化，湖北省的生态环境发生了很大的变化。从早些年的绿色植被丰茂到植被被破坏，从青山绿水到水质被污染，生态环境恶化的趋势随着经济发展而逐渐加重。① 湖北省产业发展中出现了能耗高、污染高、排放高的"三高"特征迹象，这反而说明湖北省在绿色经济、清洁经济发展具有广阔的潜力。事实上，湖北省面对着生态恶化的事实，并没有顺其自然和束手无策，而是在经济增长的情况下，在逐步加大各类生产要素投入，如科技投入、人力资源和资金资源等，在加强环境保护的前提之下，大力发展经济，并利用经济中积累的经济实力，继续改善生态环境，追求国家要求把环境和经济协同发展的理想。

在生态环境和经济发展之间，一直存在着一种耦合的关系，生态环境建设一方面是经济发展过程中的成本，另一方面，良好的生态环境也会为经济发展提供

---

① 赵维清，李经纬，褚琳，等．近10年湖北省植被指数时空变化特征及其驱动力[J]．生态学报，2019，39(20)：7722-7736.

更多的优质资源，会促进经济的增长。但是要能够动态地考察经济发展和生态环境建设之间的关系，依赖于经济发展和生态环境构成的生产函数来进行，这个是数据包络分析的主要任务。

　　鉴于此，本部分将以湖北省的生态环境和经济发展数据，利用数据包络分析方法来评估湖北省的生态环境效率和经济增长效率的状态，以为在保护环境的前提之下，促进湖北省的经济增长出谋献策，为湖北省经济增长服务。

二、国内研究现状

　　良好的生态环境是人类赖以生存和发展的基础。目前全球范围内均存在环境污染、乱砍滥伐以及水资源短缺等生态环境问题。[①] 近 20 年来，中国进入快速城市化阶段，建设用地急剧增加，生态环境状况所遭受的压力也越来越大，湖北省位于我国中部地区，具有承东启西、贯通南北、得中独厚、通江达海的地理区位优势。长期以来因生态破坏导致了各种资源的逐渐衰竭，对湖北省的可持续发展造成了严重威胁。

　　通过文献研究，当前对湖北省生态环境的研究主要集中在如下方面：

　　(1)湖北省生态环境的状态研究。学者们从多个方面考察了湖北省近些年的环境变化。包括土地运用状态，耕地面积增加而林地面积减少；[②] 其次是生物栖息地质量和生物多样性也在减少；次之，植被覆盖面积减少且在地区之间分布不均衡，湖北西部地区的植被覆盖率要高于东部地区；[③] 最后有学者通过计算污染负荷指数可以看出湖北省所遭受的环境污染压力呈加重的趋势。[④]

　　(2)湖北省生态环境保护的意义分析。生态环境的持续恶化，对湖北省的经济

---

　　① 杨恺钧，闵崇智．高质量发展要求下工业绿色全要素能源效率——基于中国"一带一路"沿线省份的实证[J]．管理现代化，2019(4)：114-117.

　　② 陈双，陈垒．基于生态正义视角的湖北省工业用地与生态环境耦合协调度分析[J]．湖北文理学院学报，2019，40(11)：61-67.

　　③ 陈楠，望志方．湖北省 2005—2009 年生态环境状况评价分析[J]．中国环境监测，2012，28(4)：21-25.

　　④ 张媛，望志方，陈楠，杨婷．湖北省生态环境状况时空变化特征及影响因素分析[J]．环境科学与技术，2017，40(S2)：300-305.

发展影响不仅仅是一个短期的影响，更重要的是生态环境会对经济发展产生长远的影响。① 在不同行业中，生态环境的变化对经济发展产生的影响是不尽相同的。比如，有学者研究了发展林业经济在生态中的意义，② 农业经济的发展状况。③

（3）生态环境与社会经济其他系统之间的关系研究。例如，生态环境对经济发展的影响机制研究，生态环境的恶化是从多条路径影响经济可持续性发展。生态环境的质量会直接影响经济发展的质量，④ 生态环境质量是指生态环境的优劣程度，它以生态学理论为基础，在特定的时间和空间范围内，从生态系统层次上，反映生态环境对人类生存及社会经济持续发展的适宜程度。生态环境质量的评价标准中就包括生态安全、生态风险、生态系统健康、生态系统稳定性、生态系统服务功能以及生态环境承载力。在衡量生态环境质量对经济发展的影响程度时，就有学者指出如能源结构、环境规制、绿色消费方式会影响到经济的绿色发展。⑤ 生态环境的优化会促进经济持续健康稳定发展，但同时经济持续稳定增长也会促进生态环境的改善。生态环境的保护和经济持续增长是一个辩证统一的问题。过去我们曾以牺牲"绿水青山"为代价，换取"金山银山"的做法，就是割裂了"两座山"的依存关系。保护生态环境能够使经济发展获得更大的空间。

（4）湖北省生态环境变化的因素研究。学者们研究结果表明有多种诱因影响湖北省的生态环境变化。郑月明指出外出直接投资导致湖北省生态环境的恶化，⑥ 虽然在吸引外资的过程中促进了经济的发展，但是缺乏合理规划以及外资利用的产业布局差异，导致形成了以牺牲生态环境而带来经济增长的这样一种模式。陈志等通过研究湖北省内土地利用变化对生态环境质量的影响，发现土地利

① 江可，周李月，王炜. 湖北省循环经济发展现状及发展策略分析[J]. 现代商业，2019（19）：77-78.

② 刘彬彬，祁永芬，杨慧珍. 探讨生态环境保护下的林业经济发展[J]. 河南农业，2020（35）：31-32.

③ 白雪晶，张林. 利用信息技术改进农村生态环境促进生态农业经济发展[J]. 农业工程技术，2020，40（33）：65-66.

④ 刘骞，王恒，张翔，赵文艳，王维. 生态环境质量与经济发展质量影响机制探讨[J]. 环境保护与循环经济，2020，40（9）：7-11.

⑤ 徐维祥，徐志雄，刘程军. 能源结构、生态环境与经济发展——门槛效应与异质性分析[J]. 统计与信息论坛，2020，35（10）：81-89.

⑥ 郑月明. 外商直接投资对湖北省生态环境的影响[J]. 中国集体经济，2016（28）：23-24.

用转变与工业废水、废气排放量、固体废弃物生产量、用电量、化肥使用量、农药使用量等生态环境指标恶化紧密相关。[1] 李海燕指出生态环境本身的地区差异性导致了湖北省内地区间环境恶化程度的不同，同时也发现资源利用效率低是导致生态环境恶化的主要原因之一。[2] 张家玉为湖北省生态环境研究之间又提供了一个新的角度，他发现湖北省的城市和农村的生态环境恶化程度和进程不相同。城市和农村导致环境恶化的主要成因不尽相同，因此两地的程度也存在差异。[3]

（5）湖北省生态和经济关系的一些量化模型研究。传统的经济增长模型没有将环境因素考虑进去，也没有将技术对环境要素的改善结果凸显出来，就使得对经济效率的评估产生偏误。目前关于环境保护对经济产出的研究中，较为热门的关注点就是环境效率的问题。例如有关长江经济带工业环境效率的研究，这些研究主要是关于工业效率的测度以及影响因素或者成因分析，其中比较有代表性的主要是两个方面：一是关于工业能源使用的讨论，从能源投入的角度入手，分析测度产出的环境经济效率。丁黄艳根据 1999—2013 年的相关数据，分析了长江经济带工业能源效率的空间特征及变化规律，并进一步讨论了对于效率水平的影响因素。[4] 车童童对长江经济带区域全要素工业能源效率进行了测算，并讨论了雾霾污染现状。[5] 二是除了从投入视角来研究工业效率外，更主要的则是从综合绿色生态效率入手。吴传清从绿色发展的角度测度 2011—2015 年长江经济带的工业效率，也进一步讨论了影响绿色发展水平的要素。[6]

上述学者从不同的角度对湖北省的环境和经济之间的关系进行了研究，得出了一些有意义的结论。但是对于湖北省内部经济增长和环境保护前沿的状态，很

---

[1]　陈志，孙志国，刘成武. 土地利用变化与生态环境质量的相关性研究——以湖北省咸宁市为例[J]. 生态经济，2009（7）：170-173.

[2]　李海燕，蔡银莺. 湖北省生态环境可持续性动态分析[J]. 华中农业大学学报（社会科学版），2012（4）：82-88.

[3]　张家玉. 保护生态环境，合理利用资源，大力开展可再生能源建设[J]. 环境科学与技术，2000（S1）：73-76.

[4]　丁黄艳，任毅，蒲坤明. 长江经济带工业能源效率空间差异及影响因素研究[J]. 西部论坛，2016，26（1）.

[5]　东童童. 全要素工业能源效率与雾霾污染的交互影响：以长江经济带为例[J]. 城市问题，2017（11）.

[6]　吴传清，黄磊. 长江经济带工业绿色发展效率及其影响因素研究[J]. 江西师范大学学报（哲学社会科学版），2018，51（3）.

少有学者有所涉及，本研究将以其他的研究为线索，在本部分中，对湖北省的环境保护利用数据包络的方法，分析湖北省环境和经济相互促进，以及环境效率状态，以为湖北省保护环境的状态之下，提供一个新的视角，在政策制定中提出一些促进经济增长服务的政策建议和服务。

三、本章节研究的工具

(一)数据包络法的由来

本章节中，主要的研究工具就是数据包络法。

近年来，随着对环境保护研究的不断深入，目前学者多使用生命周期法、多准则决策法、随机前沿分析法等来对环境效率进行评价分析。[①] 但是这些方法各有优劣，其中主要涉及数据指标的可获得性是比较困难的，造成有些研究方法在理论上具有可行性，但是实际上操作起来却比较困难。而数据包络分析方法，即DEA 分析方法受到大多数学者的欢迎。它只需投入和产出的数据即可，是一种较为客观的非参数方法。

数据包络分析(DEA)方法是用于评价具有相同类型的多投入、多产出决策单元(DMU)的非参数方法。BCC(规模报酬可变)模型的数学表达如下所示：

$$\text{Min}\varepsilon$$

$$\text{s. t.} \quad \sum_{i=1}^{n} \lambda_i X_i + s^- = \varepsilon X_i$$

$$\sum_{i=1}^{n} \lambda_i Y_i - s^+ = Y_i$$

$$\lambda_i > 0 \quad s^- > 0 \quad s^- > 0$$

$$\sum_{i=1}^{n} \lambda_i = 1$$

式中：X 表示投入量，Y 表示产出量，n 代表决策单元的数量，ε 代表 DMU 的效率，λ 表示 DMU 的指标组合系数，松弛变量 s^- 和剩余变量 s^+ 反映的是产出不足和投入冗余量。其中，$\varepsilon = 1$ 表示 DEA 有效，反之，DEA 无效。

---

① 李俊杰，景一佳. 基于 DEA-Malmquist-Tobit 模型的环境效率测度及影响因素研究——以河南省为例[J]. 生态经济，2021，37(2)：132-137，145.

根据综合效率(TE)和纯技术效率(PTE)可以求得规模效率(SE),三者的关系为 SE = TE/PTE。

综合效率反映了在给定环境要素的投入条件下能够实现环境治理效果的最大产出,或在给定产出水平下环境要素的最小投入,是对资金、技术、人力资源等多个方面的综合评价。

技术效率反映出科学的管理决策方法在应用中对环境效率的影响。

规模效率反映了在环境管理过程中的投入是否合理,是否存在投入冗余或者投入规模不足的情况,是实际规模与最优规模的差距。

(一)Malmquist 指数

DEA 模型可以用于反映生态环境的静态效率,无法体现环境效率随时间的动态变化情况。非参数 Malmquist 指数可以很好地反映了效率变化的结构动因,非参数 Malmquist 生产率指数法是直接利用线性优化方法给出每个决策单元的边界生产函数的估算,从而对效率变化和技术进步进行测度,因此,在经济学中形成了基于 DEA-Malmquist 的静态与动态相结合的效率评价分析方法。

Malmquist 指数测算前后两个时期的生产率变化,测算结果用全要素生产率(TFP)表示,该值显示了生产系统中各个要素的综合生产率,可分解为技术进步效率(Techch)和技术效率(Effch)两部分,技术效率(Effch)又可进一步分解为纯技术效率(Pech)和规模效率(Sech),见公式(1):

$$TFP = Techch \times Effch = Techch \times Pech \times Sech \tag{1}$$

当 TFP>1 时,表明全要素生产率有所改善;当 TFP<1 时,表明全要素生产率恶化。

在城市环境效率测算的背景下,技术效率反映了各城市管理方法及结构的优劣以及所做出的决策是否正确。

技术进步效率反映了技术不断发展、完善和新技术不断代替旧技术的过程。

四、湖北省环境效率实证研究

(一)数据来源与指标选取

1. 数据来源

本章节部分数据来源于2008—2017年的《湖北省统计年鉴》、2008—2017年的《中国城市统计年鉴》和主要城市的年度统计公报。由于是运用湖北省地级市的数据来进行分析，数据跨度在10年，即2008—2017年，因此有部分市级的数据难以获得。为此，本部分采用进行分析的数据是在湖北省各地级市中抽出具有代表性的市级，以此来分析湖北省东部，中部和西部的环境经济评价情况。

主要城市的选取遵循数据可获得性和经济体量相对大，具有代表性的原则进行。具体城市状态如下：

(1)湖北省东部主要采取武汉市、黄石市的数据；

(2)湖北省中部地区主要考虑十堰市和鄂州市；

(3)湖北省西部地区主要考虑宜昌市。

2. 指标选取

在指标选取方面，按照投入产出模型的基本要求和数据可获得性原则。本章节投入指标的类别包括资本、劳动力和能源要素的投入。在产出指标的选取方面，随着全球环保意识的不断提高，相关领域学者们的研究重点已不单单在于期望产出方面，而越来越集中在研究与生产过程相关的不良产出问题上，因此本章节产出指标的选取包括期望产出和非期望产出两个方面。指标体系如表6-1所示。

表6-1　　　　　　　　城市环境效率评价投入产出指标体系

类别	指标名称	单位
投入	固定资产投资总额	万元
	年末常住人口	万人
	能源消耗总量	万吨标煤
期望产出	地区生产总值	万元
非期望产出	二氧化碳排放总量	吨

投入指标各地级市的固定资产投资总额、年末常住人口、能源消耗总量以及产出指标地区生产总值、工业二氧化碳排放量的数据均来源于2008—2017年的《中国城市统计年鉴》《湖北统计年鉴》以及各地级市的年度统计公报。

(二)基于 DEA 模型的环境效率静态评价

根据 DEA 模型中的规模报酬可变的 BCC 模型，在 deap2.1 软件之下计算出来的湖北省主要地级市综合效率、纯技术效率和规模效率如表 6-2 所示。

表 6-2　　　　　　　　　　　**湖北省各地级市环境效率值**

城市	2008 年				2012 年				2017 年			
	综合效率	技术效率	规模效率	规模收益	综合效率	技术效率	规模效率	规模收益	综合效率	技术效率	规模效率	规模收益
武汉	1.000	1.000	1.000	变	1.000	1.000	1.000	不变	1.000	1.000	1.000	不变
黄石	0.493	0.668	0.739	递增	0.462	0.660	0.700	递增	0.597	0.797	0.749	增加
十堰	1.000	1.000	1.000	减	1.000	1.000	1.000	不变	1.000	1.000	1.000	递增
鄂州	0.393	0.510	0.772	递增	0.321	0.519	0.619	递增	0.343	0.565	0.607	递增
宜昌	0.742	0.996	0.745	递减	0.754	0.888	0.849	递减	0.698	0.847	0.824	递减
平均值	0.726	0.835	0.851		0.707	0.813	0.834		0.728	0.842	0.836	

表 6-2 中，从综合效率的角度看，2008 年湖北省的综合效率均值为 0.726，效率水平较高，但并未达到 DEA 有效状态(效率值为 1.000 时为有效)。综合效率达到有效状态的地级市只有武汉和十堰，并且武汉和十堰的技术效率和规模效率均达到了有效状态；其他的地级市为 DEA 无效。

到 2012 年，仍然只有武汉与十堰达到有效状态，同时两座城市的规模效率和技术效率结果也是完全有效值。另外可以发现，鄂州的综合效率最低，在 2008 年的基础上反而降低了。另外宜昌和黄石均未达到完全有效，对比而言，宜昌的综合效率水平远高于黄石的效率水平。

在 2017 年，武汉和十堰的综合效率仍为 1，技术效率实现完全有效，规模效率也达到 1。另外几个城市综合效率值中，鄂州仍在湖北省垫底，无论是综合效率还是技术效率和规模效率均较低，可见鄂州的环境治理并没有取得进展。将 2008 年、2012 年和 2017 年的综合效率值进行对比，可以看出湖北省这五个城市的情况均不相同，位于湖北省的东中西三个地区，实践成果存在巨大差异说明湖北省的环境治理水平在地区间存在差异性。治理环境的措施和经验各地均不相同。

(三)基于 Malmquist 指数的环境效率动态评价

Malmquist 指数能够反映出不同时期环境效率的动态变化趋势，利用 deap2.1 软件分别计算湖北省各地级市 2008—2017 年的环境技术效率变化(Effch)、技术进步变化(Techch)、纯技术效率变化(Pech)、规模效率变化(Sech)以及全要素生产率变化(TFP)，计算结果见表 6-3。

表 6-3　　　　　**2008—2017 年湖北省环境效率分年 TFP 指数及分解**

年份	环境技术效率变化 Effch	技术进步变化 Techch	纯技术效率变化 Pech	规模效率变化 Sech	全要素生产率变化 TFP
2008	1.061	1.110	1.028	1.032	1.178
2009	0.995	1.050	1.011	0.984	1.044
2010	0.905	1.026	0.952	0.950	0.929
2011	0.995	1.125	0.988	1.007	1.120
2012	1.037	1.059	1.043	0.994	1.099
2013	1.012	1.074	1.013	1.000	1.088
2014	1.008	1.079	1.017	0.990	1.087
2015	1.031	0.944	1.004	1.027	0.974
2016	0.962	1.018	0.970	0.992	0.979
2017	1.000	1.053	1.003	0.997	1.053
均值	1.061	1.110	1.028	1.032	1.178

从环境技术效率变化(Effch)的角度看，由表 6-3 可知，10 年间湖北省的技术效率波动趋势较小，均在 0.9 和 1.1 之间波动，其中 2010 年、2011 年、2012 年和 2017 年低于 1 说明其对技术要素的使用效率较低，其余各年的技术效率均大于 1，对技术要素的应用达到了较高水平。在不同年份，纯技术效率(Pech)和

规模效率(Sech)对技术效率的影响程度不同,整体来说,平均规模效率低于1,平均纯技术效率大于1,技术效率对规模效率的影响更大。

从技术进步变化(Techch)的角度看,只有2016年的技术进步变化小于1,其余各年均大于1。平均技术进步效率为1.053,说明湖北省在新技术的应用以及新产品的开发方面取得不错的进展。同时,技术进步是影响全要素生产率变化的主要因素,因此,湖北省各地级市应对技术进步加以重视,积极引进新技术,提高自主创新能力。

五、湖北省环境效率影响因素分析

(一)方法和变量选取

为了更全面地分析影响环境效率的因素及其影响程度,本节将 DEA 模型所测算出的动态环境效率值作为因变量,将经济、政策、地区等因素作为自变量,建立 Tobit 回归分析模型探究不同因素对环境效率的影响程度。

通过对国内外相关文献研究以及对湖北省经济发展现状的探析,本章节选取了 6 个影响环境效率的因素:

(1)经济规模。根据环境库兹涅茨曲线,经济发展水平与环境效率呈倒"U"形关系,湖北省各地级市之间经济发展水平差异较大,势必会对地区环境效率产生影响,本章节以地区生产总值占全省生产总值的比重来衡量经济规模。

(2)产业结构。各地级市的产业结构会对环境效率产生一定影响,随着湖北省城镇化进程的加快,环境承载力逐渐增大,用第二产业产值占地区 GDP 的比重来衡量产业结构。

(3)对外开放程度。用实际利用外商投资占地区 GDP 的比重来表示。

(4)地区因素。人口密度大的地区环境所承载的压力也会更大,因此用人口密度来表示地区因素对环境效率的影响。

(5)环境管理能力。用工业二氧化碳去除率来表示。

(6)资源循环利用水平。用一般工业固体废物综合利用率表示。

数据的解释和说明如表6-4所示。

表6-4　　　　　　　　　环境效率及影响因素各变量定义

统计变量	变量名	变量符号	定义
被解释变量	环境效率	EE	动态环境效率值
解释变量	经济规模	GDP	GDP
	产业结构	IDL	工业发展水平(第二产业占GDP的比重)
	对外开放程度	FDI	外资利用水平(外商投资占地区GDP比重)
	地区因素	PD	人口密度(年末人口与地区面积的比值)
	环境管理能力	EM	工业二氧化碳去除率
	资源循环利用水平	RRL	一般工业固体废物综合利用率

利用Tobit回归模型建立湖北省各地级市环境效率与各类影响因素的关系模型见式(2):

$$EE = \beta_0 + \beta_1 GDP + \beta_2 IDL + \beta_3 FDI + \beta_4 PD + \beta_5 EM + \beta_6 RRL + \varepsilon \quad (2)$$

式子中:β_0表示回归常数,β_i表示回归系数,ε表示随机误差。

(二)Tobit回归结果及分析

基于以上分析,用stata软件建立Tobit回归模型,计算结果如表6-5所示。

表6-5　　　　　湖北省环境效率影响因素Tobit回归结果

变量	相关系数	标准差	Z值	概率
GDP	-1.017***	0.09	(-11.13)	-1.017***
IDL	2.751**	0.35	(7.97)	2.751**
FDI	0.958***	0.09	(11.06)	0.958***
PD	0.0520*	0.014	(3.60)	0.0520*
EM	-0.0000634*	0.000	(-2.84)	-0.0000634*
RRL	-3.412**	0.48	(-7.15)	-3.412**
常数项	-1.017***	0.09	(-11.13)	-1.017***

注:上角标 ***和 **分别表示在1%和5%水平下显著。

119

分析表 6-5，有如下结论：

(1)经济规模在 1% 的水平下与环境效率显著负相关，影响系数为 -1.017，随着经济规模的扩大，湖北省的环境效率恶化，如何实现经济增长与环境治理协调发展成为需要关注的重点。一方面可能是因为经济水平的提高给生态环境治理提供了必要的资金支撑，从而有效地降低污染物的排放，减少非期望产出，提高生态效率。另一方面，经济水平的提升会改善人们生活水平，人们的环保意识不断增强，并且对于环境质量的需求也会逐渐增加，政府也会越来越重视污染物的排放等环境治理问题，对于生态效率有促进作用。

(2)在产业结构方面，第二产业产值占地区生产总值的比重对环境效率的影响系数为 -2.751，第二产业比重的上升使得环境效率在一定程度上上升，且该影响在 5% 的水平上较为显著。第二产业作为湖北的经济的重要支撑点，第二产业发展带来更多的经济基础可以支撑重点污染地区进行污染治理。但是随着经济的发展，高效率、低消耗的工业绿色化发展会逐渐成为产业转型重点。

(3)外资利用水平对环境效率的影响为正，且在百分之一的水平上显著，说明对外资及新技术的合理引用有助于湖北省环境效率的提高。说明对外开放程度极大提升了湖北省环境效率。未来国内国外双循环的前景下，继续扩大对外开放，引进外资，有助于湖北省继续创造可持续绿色经济。在双循环的助力下，湖北省可以依托长江经济带重要中心地位，继续扩大吸引外资。促进省内产业调整，技术进步与产业升级。

(4)环境管理能力在百分之一的水平上显著，对湖北省环境效率成正向影响，影响系数为 0.0520，说明加大环境治理投资可以直接促进环境效率增长，提升环境优化。湖北省的环境治理投资近年来不断提升，应当继续加大环境治理投资，促进湖北省环境优化。

(5)工业企业废水处理能力能够反映出湖北省资源的循环利用水平，其在 1% 的水平下与环境效率显著负相关，但相关性系数很小，说明湖北省工业企业废水处理能力水平较低，资源的循环利用水平需进一步提升。

综上所述，经济规模和工业废水处理能力与环境效率显著负相关，这两项制约环境效率的提升。产业结构、对外投资与环境治理投资对环境效率显著正相关，这表明需要继续加大环境治理投入，促进环境治理提升。

六、结论和政策建议

(一)简单结论

本章节部分基于湖北省 2008—2017 年的面板数据,运用规模报酬可变的 DEA 模型以及 Malmquist 指数对湖北省各地级市的环境效率进行了测度和研究,并利用 Tobit 回归模型对影响环境效率的因素进行了探究,得出如下结论:

(1)环境效率静态评价的结果显示,湖北省环境整体效率较低,地区间差异非常大,由于地区间的经济发展不趋同,经济差异导致了环境效率的不同步提升,因此在提升经济发展的同时,要加强促进省内经济协同发展,缩小地区间经济发展差距。

(2)环境效率影响因素的分析结果显示,湖北省的产业结构调整还有很大的提升空间。经济规模和工业废水处理能力与环境效率存在显著负相关。产业结构、对外投资与环境治理投资对环境效率存在显著正相关,这表明需要继续加大环境治理投入,促进环境治理提升。因此,为了提高湖北省环境质量发展,坚持以供给侧结构性改革为主线,这一切需适宜的资源环境承载力作为重要前提。

因此,为了提高湖北省环质量发展落实赶超,坚持以供给侧结构性改革为主线,这一切需适宜的资源环境承载力作为重要前提。由于受到数据可获取性的影响,在指标选取和评价体系的构建方面未能完全充分展开,因此对区域复合系统资源环境承载力的研究仍然存在一定的局限性。

(二)政策建议

为了提高湖北省环境效率提高,满足湖北省绿色经济发展的战略要求,可行的政策建议包括:

第一,调整产业结构、优化产业布局。对于湖北省的产业布局,湖北省政府必须在全省范围之内进行统筹安排,通过对低污染、低消耗的产业提供针对性的支持政策,为湖北省新旧动能转换攻坚战打下坚实基础。湖北省的产业结构以第二产业为主,各城市需要根据地方特色合理调整产业结构,引进科学技术,大力发展高效率、低消耗、低污染的产业,向新型绿色化工业模式转型发展。

第二，加强舆论的引导作用。在各种传媒，包括网络、报纸、电视等媒体上通过环境保护和绿色发展相关的新闻报道与广告投放宣传，树立正面典型，传播正能量，把绿色经济和社会主义生态价值观传递出去，营造绿色发展的社会氛围。

第三，与各种破坏生态环境的违法行为做斗争。一般而言，仅仅依靠道德手段来形成对人们的约束来实现绿色经济发展的功能具有一定作用，但不是全部。更加重要的是还需要借助行政强制力量，对破坏环境者严厉惩罚，对保护环境者进行奖励表彰。依靠法制的力量来影响人们的行为，最终实现绿色发展的社会目标。

第四，树立规章制度，立章定制，明确那些可做，那些不可做，形成规范性约束。依靠制度的力量影响人们的行为。包括设立具有执法能力的自然保护和生态管理监督机构，进行定期或者不定期的各地生态情况巡视检查；按照相关法律法规检查生态环保的每项具体工作，对破坏者进行惩罚等。

第五，建立生态补偿机制。对于经济发展中破坏生态的行为，研究和提出针对不同类型的生态问题的补偿方案。例如，对于修建高速公路对耕地的侵占征用问题，要实现土地的征用和补偿平衡政策，通过生态补偿机制，让经济建设中的外部性问题降低到最小状态。

第六，调整对外开放政策。湖北省的经济发展离不开对外开放的政策，但是在对外开放的目录上，需要进行权衡和处理，对于能源消耗，高碳排放的产品在出口上要实行有节制的控制，搞好进口和出口的平衡关系，并努力减低经济增长过程中对出口的依赖问题，避免因为生产出口产品带来的生态压力，协调好经济增长过程中，投资、消费和进出口之间的动态平衡。

参考文献

[1]杨恺钧，闵崇智. 高质量发展要求下工业绿色全要素能源效率——基于中国"一带一路"沿线省份的实证[J]. 管理现代化，2019(4)：114-117.

[2]彭静，何蒲明. 农业环境效率及其影响因素研究——基于长江经济带的实证分析[J]. 生态经济，2020(2)：118-121.

[3]尹传斌，朱方明，邓玲. 西部大开发十五年环境效率评价及其影响因素分析

[J]. 中国人口・资源与环境，2017(3)：82-89.

[4] Yang L, Ooyang H, Fang K N, et al.. Evaluation of regional environment efficiencies in China based on super-efficiency-DEA [J]. Ecological Indicators, 2015, 51(4): 13-19.

[5] 李俊杰，景一佳．基于 DEA-Malmquist-Tobit 模型的环境效率测度及影响因素研究——以河南省为例[J]．生态经济，2021，37(2)：132-137，145.

[6] 李明，巩丽然．循环经济发展背景下农村生态环境治理研究[J]．中国市场，2020(26)：27-28.

[7] 黄清煌，高明．环境规制对经济增长的数量和质量效应——基于联立方程的检验[J]．经济学家，2016(4)：53-62.

[8] 周江燕．论绿色消费方式与生态环境保护——以上海市经济发展为例[J]．绿色科技，2020(18)：260-261.

[9] 徐维祥，徐志雄，刘程军．能源结构、生态环境与经济发展——门槛效应与异质性分析[J]．统计与信息论坛，2020，35(10)：81-89.

[10] 刘骞，王恒，张翔，赵文艳，王维．生态环境质量与经济发展质量影响机制探讨[J]．环境保护与循环经济，2020，40(9)：7-11.

[11] 李华，高强，丁慧媛．中国海洋经济发展的生态环境响应变化及影响因素分析[J]．统计与决策，2020，36(20)：114-118.

[12] 白雪晶，张林．利用信息技术改进农村生态环境促进生态农业经济发展[J]．农业工程技术，2020，40(33)：65-66.

[13] 刘彬彬，祁永芬，杨慧珍．探讨生态环境保护下的林业经济发展[J]．河南农业，2020(35)：31-32.

[14] 卢亚丽，徐帅帅，沈镭．河南省资源环境承载力的时空差异研究[J]．干旱区资源与环境，2019(2)：16-21.

[15] 王维，张涛，王晓伟，等．长江经济带城市生态承载力时空格局研究[J]．长江流域资源与环境，2017(12)：1963-1971.

[16] 江可，周李月，王炜．湖北省循环经济发展现状及发展策略分析[J]．现代商业，2019(19)：77-78.

[17] 张家玉．保护生态环境，合理利用资源，大力开展可再生能源建设[J]．环

境科学与技术，2000(S1)：73-76.

[18]李海燕，蔡银莺.湖北省生态环境可持续性动态分析[J].华中农业大学学报(社会科学版)，2012(4)：82-88.

[19]陈志，孙志国，刘成武.土地利用变化与生态环境质量的相关性研究——以湖北省咸宁市为例[J].生态经济，2009(7)：170-173.

[20]郑月明.外商直接投资对湖北省生态环境的影响[J].中国集体经济，2016(28)：23-24.

[21]陈双，陈垒.基于生态正义视角的湖北省工业用地与生态环境耦合协调度分析[J].湖北文理学院学报，2019，40(11)：61-67.

[22]陈楠，望志方.湖北省 2005—2009 年生态环境状况评价分析[J].中国环境监测，2012，28(4)：21-25.

[23]唐韵清，周辰夕，董晓彤，胡布恩，张文豪.国际经济与贸易对我国生态环境的影响及对策探讨[J].中国集体经济，2021(3)：9-10.

[24]赵维清，李经纬，褚琳，等.近 10 年湖北省植被指数时空变化特征及其驱动力[J].生态学报，2019，39(20)：7722-7736.

[25]李彩霞，邓帆，许诺，杨欢，付含聪，相龙伟，龚杰.湖北省植被覆盖度时空变化特征与影响因素分析[J/OL].长江流域资源与环境：1-9.

[26]张金林，冯永刚，黄波.湖北省社会资本投资矿山生态环境修复的潜力评价[J].资源环境与工程，2020，34(S1)：63-66.

[27]胡佩.低碳经济条件约束下湖北省产业结构调整研究——基于财政引导视角[J].财会通讯，2020(20)：139-142.

[28]侯玉巧，杨柳依.后工业化时代核心生产要素对经济发展的影响分析——基于湖北省 1997—2017 年数据的实证分析[J].长江大学学报(社会科学版)，2020，43(2)：96-101.

[29]张媛，望志方，陈楠，杨婷.湖北省生态环境状况时空变化特征及影响因素分析[J].环境科学与技术，2017，40(S2)：300-305.

[30]尚勇敏，王振.长江经济带城市资源环境承载力评价及影响因素[J].上海经济研究，2019(7)：14-25，44.

[31]郑菲，李洪庆.基于熵权-突变级数法的安徽省资源环境承载力时空演变分

析及障碍因子诊断[J].江西农业学报,2019(4):131-137.

[32]李爽,董玉琛.基于三阶段 DEA 模型的我国绿色发展水平的研究[J].管理现代化,2019(2):63-66.

[33]丁黄艳,任毅,蒲坤明.长江经济带工业能源效率空间差异及影响因素研究[J].西部论坛,2016,26(1).

[34]东童童.全要素工业能源效率与雾霾污染的交互影响:以长江经济带为例[J].城市问题,2017(11).

[35]尹庆民,吴秀琳.环境约束下长江经济带工业能源环境效率差异评价与成因识别研究[J].科技管理研究,2019,39(6).

[36]汪克亮等.长江经济带工业绿色水资源效率的时空分异与影响因素:基于 EBM-Tobit 模型的两阶段分析[J].资源科学,2017,39(8).

[37]吴传清,黄磊.长江经济带工业绿色发展效率及其影响因素研究[J].江西师范大学学报(哲学社会科学版),2018,51(3).

第七章　湖北省生态环境经济形势的
门槛模型回归分析

一、问题提出

改革开放 40 多年来，中国的经济总量连上新台阶，2020 年国内生产总值突破 100 亿元大关，人均国内生产总值也由低收入国家跨入中等偏上收入国家行列。在经济总量提升的基础上，中国经济发展的质量也有所提高，表现在产业结构得到不断优化，经济增长由过去主要依靠第二产业推动转向三次产业共同推动，其中第三产业推动为主的格局。2012 年，第三产业增加值占国内生产总值的比重首次超过第二产业，成为中国经济第一大产业。

然而在经济发展的背后，中国的环境污染却出现严重的趋势。2006 年世界银行的一份研究报告显示：全球污染最严重的 20 个城市中，中国占了 16 个，其中也包括湖北省的省会城市武汉。根据国际能源机构（IEA）的统计数据，从 2007 年中国的碳排放量超过美国后，中国开始在碳排放位于所有国家的头位。但是碳排放引发的全球气候变化，在世界各地引发了诸多恶劣的地质影响，包括火山爆发、泥石流、干旱和洪涝灾害等，这些都在各个层面上影响着人类的生存和发展。

尽管形成中国乃至全球的生态变化的因素有很多，其中不可忽视的是碳排放的影响。温室气体的增多引发了全球平均温度的上升，尽管变化极端缓慢，但是在全球范围引发的后果确实非常严重的。在中国要为全球生态环境做出自己的贡献的首要之举就是减少碳排放。为此需要在经济建设中推进绿色低碳发展、实现可持续发展、推进生态文明建设等，通过加快转变经济发展方式、调整经济结构来实现碳排放减少的宏大目标。

目标如此，但是现实是中国依然是全球最大的发展中国家，中国的工业化，城镇化和信息化的任务依然没有从根本上解决，以煤为主的石化能源结构难以在短期内调整完毕，这意味着中国的碳排放量在短期内仍不可避免地会出现增长趋势。

面对这种境况，必须探究碳排放临界状态时的影响因素。要解决这个问题，都是通过门槛回归模型来解决的。本章节以湖北省为例基于门槛回归模型来研究经济发展形势对生态环境的影响问题。

湖北省是中国中部地区大省，经济增长与碳减排的矛盾较为突出，如何兼顾经济增长与碳减排目标是湖北省经济发展的主要议题之一。① 21 世纪以来，湖北省经济持续增长，但各产业发展极不均衡，以高污染高能耗为主的第二产业是经济增长的主要动力，而相对低碳的一、三产业发展缓慢，作为碳排放主要来源的能源消费持续增加，以煤炭为主的能源结构未见改善。因此，经济高速增长的同时，过度能源消耗为碳减排造成较大压力，研究湖北省碳排放的结构、时序特征与低碳经济发展以引导产业结构优化调整、加快经济转型升级已刻不容缓。

二、门槛模型研究方法

(一)门槛模型的由来

门槛自回归模型是描述当某一变量达到一定阈值后，变量之间的回归系数会出现较大的变化的现象，这个阈值称为门槛值或结构变化点，研究门槛的计量工具手段被称为门槛模型。

门槛模型可以估算经济结构变化过程中引起结构突变的详细量化，在实证领域有着广泛的应用。门槛模型的优点在于能够准确判断和检验经济问题潜在的门槛点，并且门槛值的大小和对应区间是不受外界因素影响的，是经济现象内生性的，它可以避免忽略经济结构变化产生的最后回归结果的偏误，也可以对门槛值进行近似的测算，在进行计量回归模型时，需要对变量的平稳性进行前期检验。

目前，门槛模型已经在不同的层级上应用于分析经济增长与碳排放之间的关系研究上。例如，韩玉军和陆旸(2008)以 108 个国家和地区作为横截面数据，对

---

① 员开奇，董捷. 湖北省碳排放研究：总量测算、结构特征及脱钩分析[J]. 农业现代化研究，2014，35(4).

影响环境库兹涅茨曲线的多个因素进行门槛效应分析。研究发现在"环境库兹涅茨曲线"（EKC）中，多个因素都存在了"门槛效应"。[1] 魏巍贤和杨芳（2010）研究认为在不同的经济结构、贸易开放条件下，技术进步在二氧化碳减排中所起到的作用不同。[2] 伍华佳（2011）认为同等规模或总量的经济，同样的技术水平，如果产业结构不同，则碳排放量不同。[3]

　　以上述研究为基础的一个基本结论是：二氧化碳排放量受产业结构、技术进步等多种因素共同作用。要准确地揭示不同阶段中经济增长与二氧化碳排之间的变化关系，需要对经济发展与碳排放量之间进行多因素的分段研究并对不同阶段分别进行考察。本章节在借鉴贾登勋（2015）的做法下，[4] 采用门槛面板模型来检验经济增长与碳排放之间是否存在门槛效应，进而对其形成机制进行实证分析。

(二)门槛模型的设计

　　湖北省的经济发展与环境之间的关系究竟怎样？经济持续发展究竟会带来环境的恶化还是改善？是否存在一个门槛值，使得经济对环境的影响并非简单的线性关系？传统做法是，研究者主观确定一个门槛值，然后根据把样本进行分类，在没有对门槛值进行参数估计或显著性检验的情况下，估计出来的结果并不可靠。为此，本章节利用面板门槛回归模型，利用湖北省 16 个市（区）的数据对湖北省生态环境和经济形势之间的关系进行分析。

　　对于面板数据 $\{y_{it}, x_{it}, 1 \leq i \leq n, 1 \leq t \leq T\}$，其中 i 表示个体，t 表示时间，固定效应门限的回归模型为公式（1）：

$$\begin{cases} y_{it} = u_i + \beta_1 x_{it} + \varepsilon, & 若\ q_{it} \leq \gamma \\ y_{it} = u_i + \beta_2 x_{it} + \varepsilon, & 若\ q_{it} > \gamma \end{cases} \tag{1}$$

　　其中，q_{it} 为门限变量，γ 为带估计的门限值。使用知识型函数 1（·），可以将模型更简单地表示为公式（2）：

$$y_{it} = u_i + \beta_1 x_{it} \cdot 1(q_{it} \leq \gamma) + \beta_2 x_{it} \cdot 1(q_{it} > \gamma) + \varepsilon$$

① 韩玉军，陆旸. 门槛效应、经济增长与环境质量[J]. 统计研究，2008(9).

② 魏巍贤，杨芳. 技术进步对中国二氧化碳排放的影响[J]. 统计研究，2010(7).

③ 伍华佳. 中国产业低碳化转型与战略思路[J]. 社会科学，2011(8).

④ 贾登勋，黄杰. 门槛效应、经济增长与碳排放[J]. 软科学，2015，29(4).

$$\text{定义}\ \beta = \begin{pmatrix} \beta_1 \\ \beta_2 \end{pmatrix}, \quad x_{it}(\gamma) = \begin{pmatrix} x_{it} \cdot 1(q_{it} \leq \gamma) \\ x_{it} \cdot 1(q_{it} > \gamma) \end{pmatrix}, \text{则将方程进一步简化为:}$$

$$y_{it} = u_i + \beta x_{it} + \varepsilon$$

将上述方程减去其对时间求平均后的方程,可以得到离差形式。

门槛模型使用两步法进行估计。首先,给定 γ 的取值,用最小二乘回归方法对离差方程进行一致估计,得到估计系数 $\hat{\beta}(\gamma)$ 以及残差平方和 $\mathrm{SSR}(\gamma)$。选择 γ,使得残差平方和最小。对于是否存在"门限效应",可以检验以下原假设:

$$H_0 : \beta_1 = \beta_2$$

如果此原假设成立,则不存在门限效应。记在该情形下的残差平方和为 SSR^*,以区别于无约束的残差平方和 SSR,显然 $\mathrm{SSR}^* \geqslant \mathrm{SSR}$。如果加上约束条件后使得残差平方和增大,则越倾向于拒绝"$H_0 : \beta_1 = \beta_2$"。

门槛模型的核心思想就是考察解释变量与被解释变量间的相关性是否随门槛变量的变化而发生结构性突变。当门槛变量值超过某一临界值后,解释变量对被解释变量的影响是否发生了明显变化。

三、湖北省生态环境的门槛模型实证分析

(一)湖北省经济和生态环境的门槛模型

依据门槛模型建立的基本原则,在本章,湖北省 2010 年至 2017 年 16 个市区的经济与环境的面板数据门槛模型见公式(3):

$$\mathrm{carbon}_{it} = \alpha_i + \beta_1 \mathrm{eco}_{it} \cdot 1(\mathrm{ind}_{it} \leq \gamma) + \beta_2 \mathrm{eco}_{it} \cdot 1(\mathrm{ind}_{it} > \gamma) + X + \varepsilon \quad (3)$$

其中,因变量为二氧化碳排放量(单位:万吨),eco 表示湖北省经济发展水平指标,ind 表示第二产业占全部产业的比重,并被为门槛变量,X 为本章节的一系列控制变量。下标 i 和 t 分别表示地区和年份。

选择上述变量的依据:

(1)对于因变量采取的是二氧化碳的排放量。本研究主要目标是研究生态环境问题,这个是本章节研究的重点和对象,因此采取二氧化碳排放量作为应变量责无旁贷。

(2)采取第二产业在全部产业的比重作为门槛变量。这个选择参考了国内许

多学者的研究成果。国内相当部分研究成果都是从产业结构的合理化角度研究了促使碳排放增加或减少的产业因素，在这些研究成果中，采取的基本做法是把产业结构作为门槛变量，只是在运用的层次不同，例如，虞义华等(2011)通过可行性广义估计模型研究了我国第二产业与碳排放的线性关系，发现第二产业比例同碳排放存在正向关系，认为通过对产业结构进行调整可以实现碳减排目标。[1] 吴振信(2012)通过建立个体固定效应模型，结果表明产业结构与碳排放存在长期稳定的均衡关系，且第二产业比例的下降能够有效减少碳排放量。[2] 郭朝先(2012)采用 LMDI 分解方法分析产业结构对碳排放的影响，研究发现高耗能产业比例上升 1% 会导致碳排放量增加 2.2 亿~2.9 亿吨，而未来产业结构优化有助于减少碳排放。[3] 赵儒煜(2014)在评述产业结构与碳排放关系时指出已有文献过于简单地探讨产业结构在碳排放整体影响因素体系中的作用，未考虑产业结构与经济增长、能源消费结构等变量的内在联系，不具有长期的实际指导意义。[4]

在上述模型基础上，本章将进行计量实证分析，解决二个问题：

第一，在控制变量中引入人均生产总值及其平方项来验证环境库兹涅茨假说；

第二，运用面板门槛模型分析在产业结构变化过程中经济指标对湖北省碳排放的影响是否存在"门槛效应"。

(二)数据来源、变量及其描述性统计

本章数据在基于数据可获得性的前提之下，都来源于湖北省各地区 2010—2017 年统计年鉴。

环境指标用二氧化碳排放量来衡量，单位为万吨。2010—2017 年湖北省内各市区的碳排放差异较大，侧面反映出各地区发展不平衡。

pergdp 表示人均地区生产总值，人均值更便于地区之间的比较。

① 虞义华，郑新业，张莉. 经济发展水平、产业结构与碳排放强度——中国省级面板数据分析[J]. 经济理论与经济管理，2011(3).

② 吴振信，谢晓晶，王书平. 经济增长、产业结构对碳排放的影响分析——基于中国的省际面板数据[J]. 中国管理科学，2012(3).

③ 郭朝先. 产业结构变动对中国碳排放的影响[J]. 中国人口·资源与环境，2012(7).

④ 赵儒煜，邱振卓. 产业结构与碳排放关系研究述评[J]. 经济纵横，2014(10).

income 选取的是单位就业人员的平均工资水平，限于数据原因，本章用该指标表示当地人均收入水平。

industry 则是当地第二产业产值比上第一、二、三产业产值之和，即第二产业比重。

各变量的统计性描述见表 7-1。

表 7-1 变量描述性统计

变量	含义	Obs	Mean	Std. Dev.	Min	Max
year	年份	128	2013.5	2.30	2010	2017
carbon	二氧化碳排放量	128	579.63	706.92	6.7	3213.4
pergdp	GDP	128	41093.56	22303.28	10356	123831
income	收入	128	84060.22	186453.6	18901	834151
industry	第二产业在全产业比重	128	0.47	0.09	0.25	0.62

(三)实证结果分析

本章将第二产业产值占比作为门槛变量，研究在产业结构变化的情况下经济发展水平对湖北省主要城市碳排放量的非线性影响。

在模型检验之前，首先要确定模型中的门槛个数，其次使用 Bootstrap 法构造似然比检验 F 统计量的渐近分布，并最终得到接受原假设的 P 值。表 7-2 给出了单门槛、双门槛和 3 门槛的检验结果。统计结果显示产业结构的单一门槛在 5% 水平下显著，双门槛和 3 门槛的 F 统计量 P 值均大于显著性水平 5%，未通过检验，因此可根据门槛效应检验结果建立单门槛模型。

表 7-2 门槛个数判断表

门槛变量	单门槛			双门槛			三门槛		
	F	P	5%	F	P	5%	F	P	5%
产业结构	33.030	0.010	65.052	0.000	0.260	0.000	0.000	0.327	0.000

本章进一步列出了单门槛模型中产业结构的门槛估计值以及95%的置信区间（见表7-3）。较小的门槛值为0.608，其LR(0.608)值<临界值$c(0.05)=7.35$；较大的门槛值为1.782，其LR(1.782)值<临界值$c(0.05)=7.35$，验证得到该门槛值在统计学意义上是显著的。

表7-3　　　　　　　　　　　　　门槛值显著性表

门槛变量	估计值	95%置信区间
产业结构	0.5701	[0.5460, 0.5708]

表7-4是本章的门槛模型回归得到的参数估计结果。

其中，主要的解释变量为pergdp，即人均地区生产总值，其对碳排放的边际系数通过了1%水平的显著性检验，且边际系数为正。

人均地区生产总值的平方项pergdp2虽然没通过显著性检验，但边际系数为负，回归结果表明经济增长和碳排放之间存在倒U形的曲线关系，回归结构一定程度上验证了环境库兹涅茨假说。

衡量人们收入水平的就业人员的平均工资水平income的边际系数为负，收入是影响消费的根本性因素，随着居民收入的提高，居民消费碳排放也在逐步增加。有文献就指出，居民消费已成为中国碳排放的主要增长点。在1999年至2002年期间中国每年约有26%的能源消耗和30%的二氧化碳排放来自居民消费活动(Wei et al., 2007)，引导湖北省居民绿色消费，树立低碳生活的理念已势在必行。

第二产业产值占比对湖北省二氧化碳排放的影响很大，工业主要以高能耗、高污染的采矿、制造和电力行业为主，使得这些行业是产生碳排放的主要行业。2019年湖北省第二产业增加值比重为41.8%，第三产业增加值比重为49.7%，产业结构模式为"三二一"，产业结构趋向高级化。第三产业主要包含服务业、金融信息业和科技文化等行业，具有投资小、吸收快、就业容量大和清洁环保等特点，其对碳排放增加的贡献值比较小，产业结构高级化有利于减少湖北省的碳排放量。

年份变量显示出湖北省整体的碳排放量水平呈下降趋势，碳排放量得到有效控制。

表 7-4　　　　　　　　　　　　门槛模型回归结果

carbon	Coef.	Std. Err.	t	$P>\lvert t \rvert$	[95% Conf. Interval]	
pergdp	0.0271669	0.004705	5.77	0.000	0.0178389	0.0364949
pergdp2	−2.51e−08	3.54e−08	−0.71	0.479	−9.52e−08	4.50e−08
income	0.0030757	0.002340	1.31	0.192	−0.0015638	0.0077152
industry	1386.009	595.4952	2.33	0.022	205.382	2566.636
year	−43.2269	12.80775	−3.38	0.001	−68.61951	−17.83428
cons	86252.7	25551.81	3.38	0.001	35593.75	136911.7

根据门槛变量，本章重点分析了第二产业占比高于 57.01% 的市区。结果发现全省大部分市区的产业结构已经远低于 57.01%，说明湖北省绝大部分的市区已经越过了门槛值，现在处于环境质量可控且向好的局面，并随着经济进一步发展，环境质量还将有所提升。但是黄石、宜昌和鄂州的第二产业产值占比仍在部分年份高于该值。以宜昌市为例，从 2010 到 2017 年，宜昌市的碳排放水平总体呈上升趋势，化工、新材料、食品生物医药、装备制造为宜昌市的主要主导产业，其中装备制造为高碳化产业，说明黄石、宜昌和鄂州仍需推进产业结构高级化，全面推进新一轮技术改造升级，做强优势产业，催生新产业，推动制造业数字赋能、数字转型，着力提升产业装备、技术研发、市场开拓、品牌建设水平(见图 7-1)。

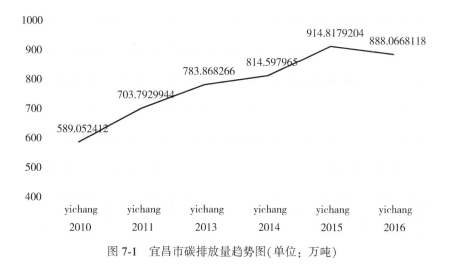

图 7-1　宜昌市碳排放量趋势图(单位：万吨)

四、结论与启示

(一)基本结论

本章提出的研究目标:第一,在控制变量中引入人均生产总值及其平方项来验证环境库兹涅茨假说;第二,运用面板门槛模型分析在产业结构变化过程中经济指标对湖北省碳排放的影响是否存在"门槛效应"。对湖北省 2010—2017 年的 16 个市区面板数据的门槛模型分析结果显示:(1)湖北省经济发展与环境质量之间存在"倒 U 形"的非线性关系,这个刚好验证了环境库兹涅茨假说,即当一个国家经济发展水平较低的时候,环境污染的程度较轻,但是随着人均收入的增加,环境污染由低趋高,环境恶化程度随经济的增长而加剧;当经济发展达到一定水平到达某个临界点或称"拐点"以后,随着人均收入的进一步增加,环境污染又由高趋低,其环境污染的程度逐渐减缓,环境质量逐渐得到改善。(2)湖北省产业结构高级化趋势化经济发展对于环境质量的非线性影响中,当产业结构高级化指标即第二产业产值占比在 57.01% 以下时,产业结构高级化能够有效抑制碳排放的效应。

(二)主要政策建议和措施

针对上述研究结论,作为生态环境改善和经济增长相匹配的政策措施主要包括:

(1)继续推动产业结构的调整和产业结构的升级政策。产业结构高级化在一定区间能够显著的降低碳排放量。在中国治理碳排放环境污染过程中,需要加大第三产业的发展,调整第二产业内部的结构,逐步改变以煤炭为主要消费对象的能源消费结构,逐步大规模开始对太阳能、天然气、核能等可再生能源的研发与利用。

(2)推动湖北省省域范围内的区域均衡发展。相同的产业结构优化水平在不同能源消费结构和技术水平下达到的减排效果是存在差异性的,比如黄石和宜昌的第二产业产值占比较高,这些城市控制碳排放效果较其他城市存在一定差距。在碳减排过程中需要考虑区域差异性,合理调整自然资源和人力资源的使用,在技术较落后的地区制定适当政府扶持政策，以此全面和高效地推动湖北省的碳排放降低目标，实现经济的绿色低碳增长。

（3）在财政上，加大节能减排扶持的力度，推动低碳经济新模式的形成。这包括政府和企业两个层面。在政府层面，依据不同行业的碳排放特性制定差异化财政支持政策，形成多样化低碳发展模式；加大对低碳行业的政府财政资金的扶持力度，辅助以税收减免、财政补贴、建设土地无偿使用等措施推动产业向低碳化方向转型；鼓励各产业积极投入研发，探索节能技术，并在全社会推动节能技术的广泛使用。在企业层面，需要积极加大企业科技创新和研发的力度，开展清洁能源、新能源的技术攻关和市场化应用，降低企业对化石能源的依赖程度，实现通过能源推动企业生产组织方式的全方面变革，从组织形式到运作方式等各个方面保证企业低碳、低能耗运作的实现，降低对生态环境的破坏，并实现企业自身利益的最大化，实现在低碳的生产方式端的变革。

（4）鼓励全民参与行动。碳排放的减低和生态环境的保护是关系每个人切身利益的事情，但是也是一个公共品，玩玩也会出现公地悲剧和大家漠不关心的局面。鉴于此，一是政府需要加大宣传的力度，并通过社区、居委会、村民委员会等各级政府基层机构的运作和组织领导，全面加入生态环境保护的行列，让人人都成为生态文明建设和生态环境保护的主体，建设美丽湖北。二是通过一些有针对性的项目来实现教育、宣传、鼓励、动员居民参与到生态环境保护的洪流中来。有一些很好的案例就是诸如"生态小公民""三峡蚁工"等全民绿色行动计划，通过这些组织形式，让更多的人知晓，从自身做起，实现居民的绿色低碳生活，涓涓细流，最终汇成汪洋大海。实现在居民的生产方式端的变革，逐步形成全社会绿色低碳，健康文明的生活方式和消费方式。

参考文献

[1]员开奇，董捷．湖北省碳排放研究：总量测算、结构特征及脱钩分析[J]．农业现代化研究，2014，35(4)．

[2]陈有明，黄燕，杨娟，邱军强．湖北省生态环境现状及石漠化遥感调查[J]．华南地质与矿产，2017，33(2)．

[3]王涛，尚园．湖北省经济高质量发展水平测度——基于五大发展理念[J]．武

汉商学院学报，2020，34（5）.

[4]黄宁阳，黄娟．湖北省经济增长质量的统计评价[J]．统计与决策，2020，36（2）.

[5]王敏，黄滢．中国的环境污染与经济增长[J]．经济学(季刊)，2015，14（2）.

[6]蔡昉，都阳，王美艳．经济发展方式转变与节能减排内在动力[J]．经济研究，2008（6）.

[7]林伯强，蒋竺均．中国二氧化碳的环境库兹涅茨曲线预测及影响因素分析[J]．管理世界，2009（4）.

[8]王勇，俞海，张永亮，杨超，张燕．中国环境质量拐点：基于EKC的实证判断[J]．中国人口·资源与环境，2016，26（10）.

[9]张欣，廖岚琪，唐赛．我国环境库兹涅茨曲线检验与影响因素分析[J]．统计与决策，2020，36（13）.

[10]董秦男．空间面板数据门槛点检验方法仿真与应用[D]．重庆工商大学，2020.

[11]韩玉军，陆旸．门槛效应、经济增长与环境质量[J]．统计研究，2008（9）.

[12]魏巍贤，杨芳．技术进步对中国二氧化碳排放的影响[J]．统计研究，2010（7）.

[13]伍华佳．中国产业低碳化转型与战略思路[J]．社会科学，2011（8）.

[14]贾登勋，黄杰．门槛效应、经济增长与碳排放[J]．软科学，2015，29（4）.

[15]虞义华，郑新业，张莉．经济发展水平、产业结构与碳排放强度——中国省级面板数据分析[J]．经济理论与经济管理，2011（3）.

[16]吴振信，谢晓晶，王书平．经济增长、产业结构对碳排放的影响分析——基于中国的省际面板数据[J]．中国管理科学，2012（3）.

[17]郭朝先．产业结构变动对中国碳排放的影响[J]．中国人口·资源与环境，2012（7）.

[18]赵儒煜，邱振卓．产业结构与碳排放关系研究述评[J]．经济纵横，2014（10）.

[19]龚海林，周子龙．产业结构高级化对碳排放的影响效应分析——基于面板门槛模型的实证分析[J]．江西师范大学学报(自然科学版)，2017，41（4）.

［20］干春晖，郑若谷，余典范．中国产业结构变迁对经济增长和波动的影响［J］．经济研究，2011，46(5)：4-16，31.

［21］陈诗一．能源消耗、二氧化碳排放与中国工业的可持续发展［J］．经济研究，2009：41-45.

［22］Wei Yiming，Liu Lancui，Ying Fan，et al.. The Impact of Lifestyle on Energy Use and CO_2 Emission：An Empirical Analysis of China's Residents［J］．Energy Policy，2007，5(1)：247-257.

第八章　湖北省生态环境经济形势碳排放制度的双重差分分析

一．问题的提出

在保护生态环境上，湖北省政府出台了一系列政策和措施，例如《关于大力推进长江经济带生态保护和绿色发展的决定》；组织实施了湖北长江大保护"十大标志性战役"，推进长江经济带绿色发展"十大战略性举措"，严格落实生态环境保护"党政同责、一岗双责"，实行生态环境保护责任清单制度；制定出台《湖北省绿色发展指标体系》和《湖北省生态文明建设目标评价考核办法》，将生态环境保护和绿色发展作为党政领导班子和领导干部政绩考核重要指标和干部选拔任用的重要依据等。但是从整体上，湖北省的生态环境依然面临着错综复杂，生态环境改善压力大，一些结构性、瓶颈性、体制性等深层次问题尚未得到根本解决。

这些问题表现在：

(1)产业结构中不合理成分依然存在。湖北省的第二产业的比重在产业结构仍然偏重，在 2019 年湖北省统计局公布的数据中，第二产业占全部产业的比重为 41.7%，[①] 重污染行业比重较大。资源环境约束偏紧，83.4%的一次能源需要长期从外省调入或进口，人均水资源拥有量仅为全国平均 73%。能源结构偏煤，煤炭在能源消费总量中占 70%，单位产出能耗和资源消耗水平偏高，六大高耗能行业占全省工业能耗总量的 83.%。[②]

---

①　湖北省统计局. 2019 年湖北省国民经济和社会发展统计公报[N]. 湖北日报，2020-03-23.

②　廖其，胡锐，张逸婷. 湖北省生态环境高水平保护助力经济高质量发展机制研究[J]. 环境与可持续发展，2020(4)：76-78.

（2）缺乏环境治理的资金。尽管财政部等国家部委出台了一些 ppp 发展项目，但是受地方财力的限制，已经当前金融风险的影响，环保类的一些 ppp 项目的推进和落地进程都比较缓慢，地方和企业在筹集环保资金方面也是困难重重，各种生态补偿机制在落实上都不到位。

（3）环境保护还依赖于行政推动，企业和个人缺乏动力。生态文明的意识还没有真正落实和落地到每个人的心中，以市场为导向，企业、政府、个人、产学研齐心协力的生态环境保护格局还没有最终形成，环境保护的动力从强制性向自觉性的趋势还不明显，各种技术创新体系的建设还在探索和挖掘之中，环保领域低端过剩，高端缺乏的局面比较突出。

面对这些问题，为了促进生态环境经济和经济发展"共赢"发展的格局，国家从制度层面进行了一些战略规划，其中非常重要的一个措施就是在中国开始实施碳排放权全产权交易制度。政府力图依靠该制度实现在保证经济发展的同时降低环境污染的目标。

碳排放权交易制度的正式发布是 2011 年。2011 年国家发改委办公厅发布《国家发展改革委办公厅关于开展碳排放权交易试点工作的通知》，同意北京、天津、上海、重庆、湖北、广东及深圳 7 个省市开展碳排放权交易试点，并把 2013—2015 年作为试点阶段。2013 年底各试点市场开始交易，2017 年底全国性碳交易体系（CETS）开始筹建。在 2021 年 7 月 16 号，中国统一碳排放权交易市场正式启动，其中湖北省武汉市是中国碳排放权交易的会员登记所在地，中国从此进入了碳排放权交易的时代。①

碳排放权交易制度是指在保证碳排放总量不变后，让企业个体拥有碳排放额度，并且可以将分配到的碳排放额度在碳排放权交易市场上进行自由买卖，运用价格机制实现企业分配碳排放额度的效率最大化的交易制度。

湖北作为碳排放权交易试点省份之一，以及中国碳交易市场交易登记中心，在 2013 年便按照国家的相关规定开展了碳排放权交易的试点工作，积累了丰富的经验。

为了分析碳交易权制度实施之后，对湖北省生态环境的影响。本章利用 DID 模型研究湖北省生态环境经济形势，即利用双重差分分析方法来分析碳交易对湖

---

① 全国碳排放权交易市场上线交易正式启动[N]. 人民日报，2021-07-17.

北省社会经济的影响。利用双重差分分析方法来探究碳排放对社会经济的影响，有助于对碳交易制度的科学性进行评估，并且对于政策设计者发现问题，完善制度体系都是有帮助的。

鉴于此，本研究将利用开展碳交易权市场和没有参加碳交易权市场的城市中的数据来进行双重差分分析，对湖北省碳排放市场对社会经济的影响进行综合评估，以为完善中国的碳交易市场制度服务，为中国的生态环境建设服务。

二、文献回顾

通过对中国期刊网，维普网和万方数据库等学术数据进行检索结果研究，当前中国实施的碳排放权交易制度，主要研究的关注点在如下三个方面：

（1）碳排放权市场建立的意义研究。这些研究着重于分析现行制度的发展现状，力图挖掘出中国生态环境中的问题，并提出基于碳排放市场建立角度的政策主张和对策。其基本结论大致为中国的碳排放权交易体系初步构建，制度建设成果斐然，并取得了重要成效。但是针对碳交易过程中出现的问题，学者们提出了不同的解决方法。例如陈紫菱等（2019）认为制度的准入规则存在问题和缺乏碳金融支持，提出要完善规则、加大政策支持和人才培养力度。[①] 刘思岐（2015）认为中国碳排放权交易市场的产品过于单一、行政色彩过重，认为是立法体系不健全、过度关注经济层面而忽视碳排总目标导致的，因此他更强调立法的完善。[②] 苏建兰和郭苗苗（2015）则认为碳排放的价格交易机制并未完全形成，缺乏有效的市场拍卖机制来对配额供需进行调整，且市场参与主体数量少活跃度低，所以建议借鉴国外经验引入合理拍卖机制，激励主体参与。[③] 在李志学等（2014）的研究中，我国碳交易在国际碳交易中处于弱势且市场波动过大，其中更有政府主导"权力寻租"，于是规范市场健全法律体制势在必行。[④] 而杨锦琦（2018）更为强调

---

①　陈紫菱，潘家坪，李佳奇，等. 中国碳交易试点发展现状、问题及对策分析[J]. 经济研究导刊，2019(7)：160-161.

②　刘思岐. 中国碳排放交易试点的现状、问题分析及对策研究[J]. 气候变化政策与法律，2015(4)：27-36.

③　苏建兰，郭苗苗. 中国碳交易市场发展现状、问题及对策[J]. 林业经济，2015(1)：110-115.

④　李志学，张肖杰，董英宇. 中国碳排放权交易市场运行状况、问题和对策研究[J]. 生态环境学报，2014，23(11)：1876-1882.

的是市场发展中的项目结构和区域性不均衡，建议制定排放总量目标，并且加强碳金融产品创新。①

（2）碳排放权交易市场的国际比较研究。这些研究在分析世界上主要国家排放放权交易中的经验和教训，以为中国碳排放权交易的建立和完善提供参考。例如：张秋枫等（2016）通过研究韩国碳排交易的灵活性与效率性，发现其专属交易市场的形成和综合性的配套支持政策十分值得国内学习。② 华炜（2017）在研究了欧洲的碳交易立法中通过高位立法，构建国家集中治理，分权为辅的法律框架，认为对中国的碳排放权交易制度有借鉴意义，认为中国可以像欧盟学习制定详细的实施细则及严格的处罚机制，强化信息公开及公众参与机制。姚晓芳等（2011）在研究欧美碳排放权交易时发现了构建基于分权化管理模式的区域性碳交易市场布局的重要性。③

（3）实证模型分析制度实行的效果和影响。张俊荣等（2016）根据了系统动力学构建政策仿真模型，④ 时佳瑞等（2015）则建立了 CGE 模型，⑤ 他们的研究成果都发现中国的碳交易机制有效促进了碳减排，对经济造成负向冲击。也有一些研究认为碳交易机制的建立促进了中国区域经济结构优化（宋晓玲等，2018），⑥ 优化了资源配置，对于中国经济发展摆脱碳陷阱、调整产业结构有着十分积极的影响（王倩等，2018）。⑦

通过现有研究成果的分析，目前学者们对于中国碳交易市场的研究上，对于

---

① 杨锦琦. 我国碳交易市场发展现状、问题及其对策[J]. 企业经济，2018，37（10）：29-34.

② 孙秋枫，张婷婷，李静雅. 韩国碳排放交易制度的发展及对中国的启示[J]. 武汉大学学报（哲学社会科学版），2016（2）：73-78.

③ 姚晓芳，陈菁. 欧美碳排放交易市场发展对我国的启示与借鉴[J]. 经济问题探索，2011（4）：35-38.

④ 张俊荣，王孜丹，汤玲，余乐安. 基于系统动力学的京津冀碳排放交易政策影响研究[J]. 中国管理科学，2016，24（3）：1-8.

⑤ 时佳瑞，蔡海琳，汤玲，余乐安. 基于 CGE 模型的碳交易机制对我国经济环境影响研究[J]. 中国管理科学，2015（23）：801-806.

⑥ 宋晓玲，孔垂铭. 中国碳交易市场对地区经济结构影响的实证分析[J]. 宏观经济研究，2018（9）：98-108.

⑦ 王倩，高翠云. 碳交易体系助力中国避免碳陷阱、促进碳脱钩的效应研究[J]. 中国人口·资源与环境，2018，28（9）：16-23.

试点前后的分析比较研究很少，更多着眼于制度本身，及试点之前的前期研究。考虑到节能减排、保护环境是推动碳交易体制建立的直接动力。本章将从对碳减排前后比较的角度来评估中国碳排放权交易制度的环境效应。

三、双重差分法模型

(一)双重差分分析的由来

双重差分法(Difference in Difference，DID)又称"倍差法"，是目前评估政策实行效果的热门方法，主要用来进行政策效应的评估。双重差分法用来进行政策评估的主要原因在于双重差分可以在很大程度上避免内生性问题的困扰。政策相对于微观经济主体而言，一般是外生性的，不存在逆向因果的问题，在估计面板数据模型的过程中，若解释变量同时是被解释变量的原因和结果，则解释变量存在一定的内生性。此时运用OLS不一定能得到参数的无偏估计，但双重差分模型可以通过解释变量的外生性，使用固定效应估计在一定程度上缓解了遗漏变量偏误问题。

双重差分使用的条件有两个：一个是存在一个政策的冲击，这样可以找到处理组和对照组，另一个是至少有政策实施前后各一年的面板数据集。

(二)双重差分模型的设计

基准的 DID 模型设置见公式(1)。

$$Y_{it} = \alpha_0 + \alpha_1 du + \alpha_2 dt + \alpha_3 du \times dt + \varepsilon_{it} \qquad (1)$$

其中：

du 是分组虚拟变量，在个体 i 受政策实施的影响时，个体 i 是处理组，对应的 du 取值为1；在个体 i 不受政策实施的影响，个体 i 是对照组，对应的 du 取值为0。

dt 是政策实施虚拟变量，政策实施之前 dt 取值为0；政策实施之后 dt 取值为1。

$du \times dt$ 是分组虚拟变量与政策实施虚拟变量的交互项，其系数是 α_3，它反映的是实施政策的净效应。

α_3 能够反映实施政策净效应的原因是由模型本身决定的。在公式(1)中，基于实施政策和不实施政策两种状态，公式(1)可以转化为下表的形式。在表 8-1

中可以看到 α_3 不仅仅反映了政策实施前后的变化，也反映了对照组和实验组之间效应的变化，这也是双重差分叫法的一个由来。总结而言，双重差分的思想就是通过对照组和实验组之间政策实施前后的差异比较来反映政策的双重差分统计量。通过关注公式(1)中交互项的状态，就可以评估双重差分的政策净效应。

表 8-1　　　　　政策实施与否在处理组和对照组之间的效应变化

	政策实施前	政策实施后	效果
实验组	$\alpha_0 + \alpha_1$	$\alpha_0 + \alpha_1 + \alpha_2 + \alpha_3$	$\alpha_2 + \alpha_3$
对照组	α_0	$\alpha_0 + \alpha_2$	α_2
效果	α_1	$\alpha_1 + \alpha_3$	α_3

上述思想可以用图 8-1 表示出来。

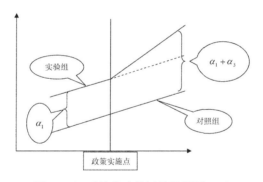

图 8-1　双重差分政策评估效果原理图

图 8-1 中，虚线表示的是假设政策并未实施时实施组的发展趋势。对照组和实施组中平行发展的实施是一个事前假说。也就是说，在双重差分中假设对照组和实施组是平行共同发展的趋势。

在双重差分中有两个重要检验，即共同趋势检验和安慰剂检验。

共同趋势的检验相对来说比较较难，本章部分参考 Kudamatsu 的做法,[1] 使

---

① Kudamatsu M. Has democratization reduced infant mortality in sub-Saharan Africa? Evidence from micro data[J]. J Eur Econ Assoc, 2012, 10(6): 1294-1317.

用平行趋势检验来验证该假设。

安慰剂检验是通过虚构实验组进行回归。一般做法是选择政策实施之前的年份来进行处理。例如本研究中的政策发生在 2013 年，研究区间为 2010—2017 年，采取了将研究区间设置在 2010—2013 年，假定政策实施年份为 2013 年，然后进行回归。

四、湖北省碳排放制度的双重差分实证分析

(一)数据来源和变量说明

本章数据来源于 2010—2017 年湖北省 9 个城市(武汉市、黄石市、十堰市、宜昌市、襄阳市、鄂州市、荆门市、孝感市、荆州市)对应年份的统计年鉴。

因为碳交易市场建立的目的是为了促进全球温室气体减排、减少全球二氧化碳的排放，所以本章将二氧化碳排放量定为衡量环境效应的指标。

为了控制其他变量对二氧化碳排放的影响，本章引入了经济发展水平和产业结构作为控制变量。

由于本研究是要研究碳排放政策对社会经济的影响，选择了人均 GDP 代表对经济的影响。选择人均 GPD 而不是总量 GDP 的主要原因是人均 GDP 更好地表征了本地的人们的生活水平和社会福祉，反映了当前人口发展规模下的经济水平情况。

产业结构是影响二氧化碳排放的重要因素。不同的产业结构状态决定了二氧化碳的排放量。以农业为主要产业的经济结构中二氧化碳的排放量相对较少，而以制造业和工业为主体的产业结构二氧化碳的排放量相对较高。工业能耗尤其是重工业能耗要比第一产业和第三产业大得多，由此产生的二氧化碳排放也高得多。本章部分选择用第二产业占比来表示产业结构。

作为对照组，本研究选择湖北周边未参与碳排放权交易的省份(安徽省、江西省、河南省、湖南省、陕西省)的对应数据作为对照组。选择这些省份的主要原因是这些省份和湖北省相邻，都处于中国的中部。按照空间地理学的理论，相邻的省份之间由于物质和能源的相互交换联系，总是相互影响的，所以，它们具有在政策实施之前，具有平行共同发展的趋势。

(二)双重差分模型的构造

构建 DID 模型的步骤分为两步：

一是根据政策实施的时间划分实验组和控制组；

二是根据政策实施的地区划分实验组和控制组。

计算出实验组和控制组在政策实行前后两期的平均值，然后对变动量进行差分，得到的差值就是对政策效应的度量。

在本章中，考虑了地域上实施政策和不实施政策，以及在时间上，不实施政策和实施政策两种情况，因此形成构造的模型见公式(2).

$$Y_{it} = \beta_0 + \beta_1 PERIOD_{it} + \beta_2 TREATED_{it} + \beta_3 PERIOD_{it} \times TREATED_{it}$$
$$+ \rho X_{it} + u_{it} + \varphi_{it} + \varepsilon_{it} \tag{2}$$

其中，Y 是政策效应指标。引入政策实行的时间虚拟变量 PERIOD(实行前取 0，实行后取 1) 和试点区域虚拟变量 TREATED(非试点区域取 0，试点区域取 1)，X 为控制变量。u_{it} 为地区固定效应，φ_{it} 为时间固定效应，ε_{it} 为随机误差项。

(三)回归结果及解读

在上述模型的和理论铺垫的基础上，运用 stata15.1 对公式(2)进行估计，得到结果见表 8-2。表 8-2 中 diff 系数代表双重差分效应。

表 8-2 二氧化碳排放的双重差分模型结果分析

自变量	二氧化碳排放(因变量)	
	(1)(没加入控制组)	(2)(加入控制组)
Diff	0.16 (0.76)	-0.55^{***} (-2.80)
人均 GDP		1.57^{*} (8.68)
第二产业占比		0.241 (1.04)
R^2	0.74	0.82

注：***、**、* 分别表示在 1%、5%、10% 水平上显著，( )内数据为 t 值。(1)列是未加入控制变量的结果，(2)是加入控制变量的结果。

从表8-2中结果可以看出：

（1）列中，不加入控制变量进行DID模型估计的系数并不显著，加入控制变量后的政策系数显著，说明控制变量的选取具有有效性。（2）列的Diff系数在1%的水平上显著，表明湖北省的碳排放交易试点政策的实行对湖北省的二氧化碳排放量造成了55%的下降。说明我国碳排放权交易政策在湖北省实现了很好的碳减排效应。此外，人均GDP的系数显著为正，说明经济的发展对二氧化碳的排放具有正面影响，也就是说人均GDP的增加会使得二氧化碳排放量增加。

（四）稳健性检验

DID模型的前提假设是在政策实行前实验组和控制组的样本之间具有共同趋势，即双方不存在显著性差异。参考Kudamatsu和Alder的做法，本章使用平行趋势检验来验证该假设，保证后续的DID结果有效，公式形式见公式（3）。

$$Y_{it} = \sum_{n=-5}^{4} (\rho_t \times \text{PERIOD}^{\text{post}} \times \text{TREATED}_i) + \lambda X_{it} + u_{it} + \varphi_{it} + \varepsilon_{it} \qquad (3)$$

其中，t表示试点政策实施的第t年，政策冲击年份post为2013年。当$t-$post$=n$时取0，否则取1。本章验证政策实行前三年实验组和控制组是否存在显著偏差，因此n取-3、-2、-1。

通过比较年份虚拟变量和实验组虚拟变量交互项的系数的显著性可以判断平行趋势检验是否通过。表8-3显示碳排放权交易试点政策实行的前三年的碳排放总量不显著，说明平行趋势检验通过，本章的DID模型运用具有可靠性。

表8-3　　　　　　　　　　　平行趋势检验结果

	2012年	2011年	2010年
Diff	−0.01	−0.02	−0.05
	(−0.09)	(−0.15)	(−0.45)
控制变量	已控制	已控制	已控制

注：***、**、*分别表示在1%、5%、10%水平上显著，（ ）内数据为t值。

（五）安慰剂检验

为了考察实证结果对应的政策冲击年份是否可靠，本章选择用安慰剂检验来验证这一问题。我国碳排放权交易试点政策正式宣布于 2011 年，湖北试点于 2013 年才开始筹建，直到 2014 年七个试点省市全部开启碳排放交易。在碳交易试点政策的推行中，不同地区开始的时间各不相同，甚至各试点覆盖的行业范围也是逐渐在扩大。除了选择 2013 年作为政策冲击年份以外，学术界也有研究选择 2011 年作为政策冲击年。① 因此，检验所选政策冲击年份的可靠性显得尤为重要。

本章选取 2014 年、2015 年、2016 年作为碳排放权交易试点的错误处理年份进行显著性分析(见表 8-4)，结果显示当政策冲击年份设定为 2014 年时，碳排总量系数就已经失去其统计显著性。由此可见，并无充足证据表明本章节所选的 2013 年作为政策冲击年份存在不可靠性。

表 8-4 安慰剂检验结果

	2014 年	2015 年	2016 年
Diff	0.05	−0.01	−0.01
	(0.43)	(−0.03)	(−0.05)
控制变量	已控制	已控制	已控制

注：***、**、* 分别表示在 1%、5%、10%水平上显著，( )内数据为 t 值。

五、结论与建议

(一)基本结论

在保护生态环境的同时，促进经济可持续发展，一直是生态经济学力图实现的目标和要解决的问题。它既是人与自然和谐相处的最终落脚点，也是科学发展观的基本要求，对实现社会可持续发展的目标有重要意义。为了实现生态环境和经济的协调发展，中国政府采取了多种措施来促进绿色发展，其中重要举措之一就是建立了碳排放权交易试点，并在试点的基础上在 2021 年正式实施了全国性

---

① 王为东，王冬，卢娜. 中国碳排放权交易促进低碳技术创新机制的研究[J]. 中国人口·资源与环境，2020，30(2)：41-48.

的碳排放权交易市场。它力图通过市场化为导向的碳交易政策来实现内部化碳排放减排效果的最大化和减排成本的最小化两个目标。湖北省是碳排放权交易的试点省份，也是中国碳排放权交易登记单位。在 2013 年开始试点，到 2021 年全国碳排放权交易正式建立，取得了很多的经验。这项政策的社会经济影响通过本章节的双重差分模型进行了政策评估。

通过双重差分实证检验，湖北省碳排放权交易试点政策在湖北省实现了很好的碳减排效应，降低了 55% 的二氧化碳排放。为了进一步检验试验结果的合理性，本章采用平行趋势检验和安慰剂检验，两次检验结果的通过说明了模型估计的可靠性。虽然本章验证了碳排放权交易试点政策对湖北省的生态环境经济协调发展起到了积极作用，但试验结果也说明了人均 GDP 的增长会促进二氧化碳排放的增加，仍需从多个方面加强湖北省的环保力度，在促进经济发展的同时实现绿色发展。

(二)政策建议和措施

基于上述研究结论，作为促进经济，保护生态的角度出发，相关的政策建议和措施如下：

(1)在战略层面上，认识到绿色发展道路的重要性。

在不能否认社会发展过程中物质决定意识的客观性的同时，也必须深刻认识到意识对物质的推动作用。从某种意识上说，正是思维方式的转变，决定了经济发展的模式。中国经济发展到今天，已经创造出了惊人的社会财富，但是这种社会财富在一定程度上是以生态环境作为公共产品，没有考虑生态环境的破坏而获得的。在经济发展到今天的高度，中国更加有充足的财力来处理生态环境问题，实现环境和经济的协调发展。在宏观意识层面，党和国家都已经把生态环境建设相关关注写入了各种政策决议，这就为湖北省全省统一思想意识，在思维层面上实现绿色经济发展提供了基础。

在这些政策主导之下，湖北省政府需要把中央的各项决议结合本地区的实际情况，制定出适应本地情况的地方性的指导准则。尽管湖北省已经制定了一系列地方政策，例如，《湖北省长江生态环境保护条例》《湖北省清江水环境保护条例》《湖北省汉江流域水环境保护条例》等，但是生态环境是一个系统工程，不仅仅涉及水的问题，还包括大气，土壤，和其他有毒有害气体的排放问题。这些都属于意识层面的问题，也是上层建筑的法律基础。把规矩制定好了，全省人民才会知道那些是该干的，那些是不能做的。在这方面，湖北省需要积极探索各种规章制度的建设问题，围绕生态环境质量改善的目标，探索新形势下生态环境改善的长效机制，推动相关法案的晚上，为湖北省的生态环境建设保驾护航。

(2)在执行层面上，各个政府职能部门，需要齐抓共管，围绕生态环境绿色发展的目标，落实责任主体，聚焦责任和执行落实，形成生态考核执法的合力，最终实现生态建设的各项任务。

在这方面政府部门需要建立以绿色生态环境为基准的考核评价机制。对生态责任和生态红线的目标量化到各个责任主体，对主体的权责进行明确确认，不能形成权责部分，责任不明的状态，并把任务的落实作为考核评价的核心内容，守住生态红线，并作为干部选拔和任用的重要依据。对污染的排放，要实行联防联控制度，对生态环境破坏者，要实施责任追责。

依托现代大数据和互联网的技术特点，建立生态环境状态的监控机制，并且依托大数据分析生态变化的状态和特点，在事前、事中和事后的状态进行检测和评估，形成不间断的生态环境保护机制。

(3)在区域层面上，需要协调和其他省份之间的关系和情况通报。

生态环境的保护不是一个省份可以单独来完成的。长江从湖北省横贯而过，涉及很多的省份，对水资源的保护和大气的保护都不是单独一个省份可以独立来完成的。需要其他省份之间齐心协力，形成合理，才可以实现本省份的生态环境持续改善的目标。

生态环境保护的区域协调发展并不意味着各省市的发展水平均等。在进行政策协调的过程中，需要仔细研究各个地区之间的产业发展特点，依据资源禀赋的要求，制定出符合本地发展特点的产业发展战略，通过相邻区域之间的物资和能源的交换来减少相同产业在不同城市中遍地开花的局面，通过产业之间的相互协调并最终互通有无实现区域经济的共同进步和发展，避免各个地方都进行相同产业形成产业趋同，同时不符合本地社会经济资源禀赋特点带来的社会成本增大的状态。要克服湖北省周边各省市间的行政壁垒，在信息、技术和人才的交流上，实现资源的共享，加强各地方政府间的对话互动和沟通，建立区域间的合作机制,在城市规划、环境保护、要素流通等多领域加强交流,缓解恶性竞争、分配资源不公等问题。

(4)在经济层面上,要统筹运用财力,考虑政策和执行的成本,用最小的成本实现最大化的社会效益,满足生态改善的目标。

通过环境税费、生态环境补偿、绿色信贷等各种经济杠杆来影响经济主体在经济活动中关注生态环境的保护问题,让市场主体发挥生态环境保护的关键作用,政府在宏观层面也必须对生态环境的保护对微观主体做出指导。对生态环境的融资上,采取政府投入和市场加入相结合的方式,通过低息贷款、股权投资和奖励等多种形式,吸引社会资本的投入,推动生态保护重点项目的落地和实施,激发市场的活动。对于各种创业公司设立的环境投资公司等,在税收、税费上给予减免等优惠,打造环保产业的规模,提高环境资源的利用效益。

(5)在社会层面上,通过各种宣传措施,吸引公民参加到生态环境建设的洪流中来,涓涓细流最终变成汪洋大流,形成全社会保护生态,建设生态的良好社会潮流。

推广"生态小公民""三峡蚁工"等全民绿色行动的一些做法,推动绿色社区、绿色家庭、绿色学校等创建活动吸引全体居民加入环境保护,完善社区组织动员参与生态环境保护的机制,形成一种完整、科学的鼓励和激励机制。让"我为环境做贡献"的思想深入人心,并影响居民的生产和生活方式,让环境保护的信念融入生活的各个层面,成为一个公民的自觉行为,形成全社会节约适度、绿色低碳、文明健康的生活方式和消费方式。

(6)在技术层面上,依托现代先进技术,改造传统的生产工艺和生产方式,实现低成本,高效率,无污染,绿色发展的新的格局。

新一轮科技进步带来了新技术在社会各个层面上扩散,对人、自然和社会之间关系的更加深刻理解,使得现代的生产技术都具备了保护环境的特点,为绿色经济的发展带来了机遇,以柔性制造,虚拟制造等制造技术,以及各种数据仿真技术的大量出现,已经让过去需要进行现实试验形成环境破坏才可以得到结果的状态,通过仿真就可以得出结果,这些都保护了生态环境。与此同时,现代大数据的广泛使用使得对于生态环境系统的变化的监测变得更加简单、轻松,可以实时知道生态环境的变化趋势,并依据这种趋势的状态,采取提前的干预行为。因此，企业和政府都要关注科技的动态，加大对于科技的投入力度，开发出节能，低消耗的创新型技术，对传统高污染、高排放的企业进行治理和改造，推动传统产业的转型升级，以科技创新来推动生态环境和经济的协调发展。

参考文献

[1]Alder S, Shao L, Zilibotti F. Economic reforms and industrial policy in a panel of Chinese cities[J]. J Econ Growth, 2016, 21(4)：305-349.

[2]Kudamatsu M. Has democratization reduced infant mortality in sub-Saharan Africa? Evidence from micro data[J]. J Eur Econ Assoc, 2012, 10(6)：1294-1317.

[3]Dietz, T., E. A. Rosa. Effects of Population and Affluence on CO_2 Emission[J]. Proceedings of the National Academy of Sciences of the United States of America, 1997, 94(1)：175-179.

[4]York, R., E. A. Rosa, T. Dietz. Stirpat, Ipat and Impact：Analytic Tools for Unpacking the Driving Forces of Environmental Impacts[J]. Ecological Economics, 2003, 46(3)：351-365.

[5]陈林，伍海军. 国内双重差分法的研究现状与潜在问题[J]. 数量经济技术经济研究，2015(7)：133-148.

[6]杜立民. 我国二氧化碳排放的影响因素：基于省级面板数据的研究[J]. 南方经济，2010(11)：20-33.

[7]马晓钰，郭莹莹，李强谊. 中国二氧化碳排放影响因素分析——基于省级面板数据研究[J]. 资源与产业，2013, 15(5)：94-99.

[8]陈紫菱，潘家坪，李佳奇等. 中国碳交易试点发展现状、问题及对策分析[J]. 经济研究导刊，2019(7)：160-161.

[9]刘思岐. 中国碳排放交易试点的现状、问题分析及对策研究[J]. 气候变化政策与法律，2015(4)：27-36.

[10]苏建兰，郭苗苗. 中国碳交易市场发展现状、问题及对策[J]. 林业经济，2015(1)：110-115.

[11]李志学，张肖杰，董英宇. 中国碳排放权交易市场运行状况、问题和对策研究[J]. 生态环境学报，2014, 23(11)：1876-1882.

[12]杨锦琦.我国碳交易市场发展现状、问题及其对策[J].企业经济,2018,37(10):29-34.

[13]孙秋枫、张婷婷、李静雅.韩国碳排放交易制度的发展及对中国的启示[J].武汉大学学报(哲学社会科学版),2016(2):73-78.

[14]华炜.欧盟碳排放权交易机制的法律实践对中国的启示[J].能源与环境,2017(3):2-4.

[15]姚晓芳、陈菁.欧美碳排放交易市场发展对我国的启示与借鉴[J].经济问题探索,2011(4):35-38.

[16]杨慧.日本碳排放交易体系的构建对我国的启示[J].农村经济与科技,2018,29(4):18-19.

[17]张俊荣、王孜丹、汤玲、余乐安.基于系统动力学的京津冀碳排放交易政策影响研究[J].中国管理科学,2016,24(3):1-8.

[18]宋晓玲、孔垂铭.中国碳交易市场对地区经济结构影响的实证分析[J].宏观经济研究,2018(9):98-108.

[19]王倩、高翠云.碳交易体系助力中国避免碳陷阱、促进碳脱钩的效应研究[J].中国人口·资源与环境,2018,28(9):16-23.

[20]时佳瑞、蔡海琳、汤玲、余乐安.基于CGE模型的碳交易机制对我国经济环境影响研究[J].中国管理科学,2015(23):801-806.

[21]黄志平.碳排放权交易有利于碳减排吗?——基于双重差分法的研究[J].干旱区资源与环境,2018,32(9):32-36.

[22]王为东、王冬、卢娜.中国碳排放权交易促进低碳技术创新机制的研究[J].中国人口·资源与环境,2020,30(2):41-48.

第九章 湖北省生态经济形势的面板数据影响因素分析

一、引言

随着 20 世纪 80 年代以来的全球气候变化问题逐渐引起人们的注意，全球气候变化相关的研究开始不断深入起来。现在大家基本公认的研究结论是，全球气候变化的一种重要因素是来自化石能源的燃料燃烧所产生的温室气体(主要是二氧化碳)推动了全球气候变化的进程，引发了全球各种恶劣地质和气候灾害的发生，诸如洪涝、干旱、泥石流、海啸等灾害。然而，人类社会要发展经济，在现有技术水平之下，是无法完全脱离石化能源的消耗满足自身生产和生活的需要的。这就带来二氧化碳为主体的温室气体的排放问题要在短期内解决还是困难重重。数据显示，中国在 2006 年和 2011 年分别开始成为了全球最大二氧化碳排放国和能源消费国。这就使得中国一方面要发展经济，另一方面要在碳排放减排上进行努力。从表面上，这是一个两难的问题，因为要发展经济，就必须依赖于能源的消耗，如果要减少碳排放，就需要减少能源的消耗，社会经济的活力可能会因此降低。从人类命运共同体的角度而言，中国的碳排放减少已经到了一个必须进行的强约束态。这就使得如何实现碳减排状态之下的经济增长问题成为了当前中国社会发展中有研究紧迫感的、时不我待的研究课题。

要实现碳排放约束下的经济增长问题，一个重要的方面就是必须知道影响中国碳排放的因素究竟是什么，只有知道引发中国碳排放的主要因素，才可以据此有针对性地制定政策，并对引发碳排放的这些因素进行科学和合理的规制，以此来减少中国碳排放的量，由此实现社会生态环境和经济两者之间协调发展的状态，为国际社会的碳排放减少贡献中国的力量。

因此，研究中国碳排放特征以及影响因素既是中国政府应对全球气候变化，降低碳排放的战略需要，也是制定政策，实现能源结构调整、经济结构转型和产业升级、经济增长方式转变的内在需求。当前中国经济正处于城镇化、工业化加速推进阶段，这使得未来中国经济可以继续保持高速增长的趋势，但是在高速发展经济的过程中，如何实现碳减排问题变成了一个必须思考的迫切现实问题，研究影响中国碳排放变化的因素的现实性就体现出来，只有对碳排放过程中的相关因素及其影响趋势把握清晰了，才可以制定出对应的政策，尽量在减少碳排放的基础上，实现经济的稳定持续增长。

鉴于上述研究背景，本研究以湖北省的社会经济和碳排放数据为依托，通过湖北省17个地市的面板数据来分析引发经济增长的碳排放的主要因素是什么，并以实证分析的结论来探索，对湖北省而言，实现保证经济发展的前提之下的碳减排的主要政策建议和对策，以为湖北省的经济增长服务。

这个研究的意义在于：

(1)通过对碳排放主要影响因素的分析，及其相关结论制定出来的政策的落实，是对党中央关于生态环境建设战略部署的具体落实过程。在中国共产党第十九次代表大会以来，党中央在各种决议里面把保护生态环境提高到战略的高度，要求各地在经济发展中要考虑环境保护工作，把环境保护工作放在各个建设任务的首位。习近平总书记在多个场合强调，既要金山银山，更要绿水青山。要切实增强做好生态环境保护工作的思想自觉和行动自觉，使生态环境保护体系得到有效完善，加强绿色发展顶层设计。

(2)通过对湖北省省情的碳排放主要影响因素研究，可以挖掘出湖北省生态环境建设中的核心因素，制定出来的政策更加有针对性。湖北省作为中国中部重要省份，链接南北东西，是中国的重要枢纽性省份，各种物流交换的中心省份，也是中国经济中链接东部和西部的枢纽性省份。在这样一种区位之下，生态环境保护上也具有承接东部和西部的功能，在全国环境保护的大背景下，湖北省环保重要性就体现出来了。环境保护是全国的一盘大棋，如果湖北省环境保护不能够顺利进行，在空间扩散效应和冲击效应之下，其他地区的环境保护最终会因为生物圈、水圈、大气圈的循环作用而功亏一篑。因此，有针对性地挖掘湖北省碳排放的主要因素，有利于实现中国环境保护整体规划中湖北省特定省域的要求，为中国整体的环保事业服务。

二、文献综述

通过对万方数据库、维普数据库、中国知网的检索成果进行分析，当前中国学术界关于碳排放影响因素的相关因素研究主要围绕如下方面进行：

1. 碳排放与经济增长关系的研究

例如，全世文和袁静婷采用双阈值误差修正模型研究了中国 1953—2015 年经济增长与碳排放的长期非线性协整关系，研究结果发现二者关系符合库兹涅茨倒 U 形曲线特征，在短期动态调整呈现出显著的非对称特性。[1] 包群和彭水军基于面板数据构建联立方程组，探究中国 30 个省市经济增长对污染排放的影响，指出二者不仅符合库兹涅茨倒 U 形曲线，而且存在双向反馈机制。[2] 余东华和张明志结合"污染天堂"假说，运用门限回归方法破解了碳排放 EKC"异质性难题"，结论显示高发展水平国家呈现出库兹涅茨倒 U 形特征，其他组别国家均呈现"U"型特征。[3] 美国经济学家 G. Grossman 和 A. Kureger（1991）提出了环境库兹涅茨曲线。他们发现经济增长和环境污染之间呈倒 U 形的关系，即环境质量随着经济增长的积累呈先恶化后改善的趋势。[4] 随后，很多学者对库兹涅茨曲线曲线进行了检验。Holtz-Eakin、Selden（1995）[5]、Panayotou[6] 等研究发现人均二氧化碳排放与人均收入呈倒 U 形。但是这些结论中，对于拐点对应的人均收入差距很大。Galeotti 得出结论是拐点在 13260 美元，Holtz-Eakin 认为在 35428～80000 美元。

---

① 全世文，袁静婷. 我国经济增长与碳排放之间的变协整与阈值效应[J]. 改革，2019（2）.

② 包群，彭水军. 经济增长与环境污染：基于面板数据的联立方程估计[J]. 世界经济，2006（11）.

③ 余东华，张明志."异质性难题"化解与碳排放 EKC 再检验——基于是门限回归的国别分组研究[J]. 中国工业经济，2006（7）.

④ Grossman, G. M., Krueger, A. B.. Environmental Impacts of a North American Free Trade Agreement[J]. National Bureau of Economic Research Working Paper, 1991（3914）.

⑤ Holtz-Eakin, D., Thomas M. Selden, Stokingthe Fires? CO$_2$ Emissions and Economic Growth[J]. Journal of Public Economics, 1995, 57：85-101.

⑥ Panayotou, T., Sachs, J., Peterson, A.. Developing Countries and the Control of Climate Change：A Theoretical Perspective and Policy Implications [J]. CAER Ⅱ Discussion Paper, 1999（44）.

韩玉军、陆旸（2007）对不同国家分组后的研究表明，不同组别国家的二氧化碳库兹涅茨曲线差异很大，分别呈现出倒 U 形、线性等关系。

2. 碳排放影响因素的研究

在这个方面，不同学者运用了不同的计量工具分析碳排放的影响因素。例如徐斌等运用非参数可加回归模型探究中国 30 个省市发展清洁能源对区域碳排放和经济增长的影响，发现清洁能源的线性碳减排效果不显著，但对东中西三大区域均产生不同的非线性影响。[①] 马晓君等利用 LMDI 分解法对 2005—2016 年东北三省碳排放增长进行分解，结果显示经济产出和人口规模促进碳排放增长，能源强度和产业结构抑制碳排放增长。[②] 张琳杰和崔海洋运用面板数据模型分析长江中游城市群 31 个城市的碳排放影响因素，发现产业结构优化有利于降低二氧化碳排放，经济增长和对外直接投资则会增加城市碳排放。[③] 林伯强和刘希颖以 Kaya 恒等式为基础，引入城市化水平与水泥产量两个变量，发现能源强度和人均 GDP 是影响中国碳排放量最主要的因素。[④]孙艳伟等运用 STIRPAT 模型对舟山市碳排放演变趋势及其影响因素进行分析，指出城市化率对碳排放的影响最大，能源强度次之，人均 GDP 最弱。[⑤]

上述研究从不同的视角和不同的工具上对影响二氧化碳的排放因素进行了分析，相关结论无疑是中肯和科学态度的。但是这些研究中，有些研究在考察碳排放和经济增长关系的过程中，简单地对二氧化碳排放和人均收入之间的库兹涅茨曲线曲线进行检验，而没有考虑其他因素对二氧化碳排放的影响。对于工业化、城市化，以及产业升级过程对二氧化碳的影响全部忽视了。

此外，库兹涅茨曲线曲线只是揭示了发达国家经济增长和环境之间的一种关

①　徐斌，陈宇芳，沈小波. 清洁能源发展、二氧化碳减排与区域经济增长[J]. 经济研究，2019(7).

②　马晓君，董碧滢，于渊博. 东北三省能源消费碳排放测度及影响因素[J]. 中国环境科学，2018(8).

③　张琳杰，崔海洋. 长江中游城市群产业结构优化对碳排放的影响[J]. 改革，2018(11).

④　伯强，蒋竺均. 中国二氧化碳的环境库兹涅茨曲线预测及影响因素分析[J]. 管理世界，2009(4).

⑤　孙艳伟，李加林，李伟芳. 海岛城市碳排放测度及其影响因素分析——以浙江省舟山市为例[J]. 地理研究，2018(5).

系，对于中国这样一个发展中国家而言，当前对有关检验看起来也存在相互冲突的结论。中国快速城市化、工业化的现实决定了我们必须基于中国的国情来分析影响中国碳排放的因素，在对现在及今后相当一段时期内中国经济社会发展的最重要特点充分认识的基础上，才可以得出相对准确的结论。

三、湖北省碳排放的基本状态

(一)数据来源及说明

本章数据中，没做标注的都来源于 2000—2019 年《湖北省统计年鉴》和湖北省 2000—2019 年各地市统计年鉴，这个问题不再赘述。

(二)湖北省碳排放的总体情况

依据于本书第三章中关于碳排放计算的方法。本章计算了湖北省碳排放总量的基本情况。表 9-1 是计算出来的湖北省 2000—2018 年的碳排放的数据。

表 9-1   **湖北省 2000—2018 年碳排放量**

时间	碳排放量(万吨)	时间	碳排放量(万吨)
2000	3084.432907	2010	6943.462981
2001	3142.441737	2011	7569.636624
2002	3516.527471	2012	7419.315901
2003	3636.867551	2013	8172.350091
2004	4366.490684	2014	8452.275853
2005	5590.699267	2015	8489.974225
2006	6023.671823	2016	8567.863727
2007	6047.610903	2017	8693.748047
2008	6036.430327	2018	8641.529048
2009	6331.65647		

表 9-1 提供了如下信息：

(1)从长期趋势来看，2000—2018 年湖北省二氧化碳的排放量在持续快速增长。碳排放量从 2000 年的 3084.432907 万吨增长到 2018 年的 8641.529048 万吨，经济发展伴随碳排放量越来越大。更加直观的状态见图 9-1。2000—2018 年，随着湖北省经济的快速发展，能源消费及碳排放水平相应地随着增加。造成这个现象的原因主要在于能源需求的刚性增加，经济发展脱离不了对于能源需求的增加，而湖北省的能源结构还是以煤炭为主，这就引发了二氧化碳排放量的增加。

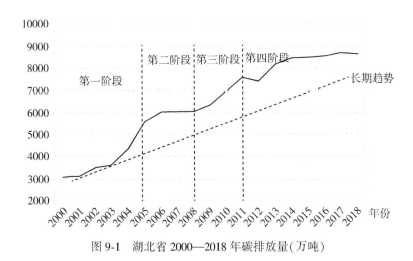

图 9-1　湖北省 2000—2018 年碳排放量(万吨)

（2）湖北省 2000—2018 年碳排放的增长分为几个阶段。第一个阶段是 2000—2005 年，碳排放量增长速度较快。第二个阶段是 2005—2008 年，碳排放量增速放缓。第三个阶段是 2008—2011 年，从 2008 年开始，湖北省的碳排放量又以较快速度增长。第四个阶段是 2011—2018 年。从 2011 年开始，湖北省的碳排放量开始相对减少，增长幅度开始下降，碳排放量增速出现持续变缓趋势。造成上述阶段的原因还是因为经济的增长因素引发的。在 2008 年中国政府为了应对美国次贷危机引发的全球经济波动，提出 4 万亿计划之后，经济增长率都在两位数上运行，湖北省也不例外，造成 2008 年到 2011 年间的碳排放出现了高速率的增长。从 2011 年之后，中国经济进入了新常态，面临着产业结构的调整和升级，各种经济增长中的深层次矛盾开始积累，为了解决过去高速增长过程中的产能过剩问题，中国开始进行了供给侧改革，经济增长的速度开始下降，经济增长速度的下降造成对能源消耗的下降，由此引发二氧化碳排放量的下降。上述趋势状态可以用图 9-1 更加清晰地展示出来。

（三）湖北省能源消费情况

能源消费情况可以用能源消费强度来表征。能源消费强度在计算上采用的是能源消费总量与 GDP 之比。即：

能源消费强度＝能源消费总量/GDP

它反映了能源的利用效率。一般地，能源消费强度越大，反映生产单位 GDP 的能耗越大。能源消费强度越大，说明其中碳排放的排放量也越大，造成这个现象的主要原因是中国当前的能源结构中石化能源的比重太高。能源消费强度越低，生产单位 GDP 的能耗就低，碳排放的排放量也相对较低。

依据能源消费强度的计算公式，计算得出的湖北省 2000—2018 年能源消费强度的状态见表 9-2。

表 9-2 湖北省 2000—2018 年能源消费强度

年份	能源消费强度（吨/万元）	年份	能源消费强度（吨/万元）
2000	0.80	2010	0.41
2001	0.75	2011	0.36
2002	0.77	2012	0.31
2003	0.71	2013	0.31
2004	0.72	2014	0.29
2005	0.79	2015	0.27
2006	0.73	2016	0.25
2007	0.60	2017	0.24
2008	0.50	2018	0.21
2009	0.45		

从表 9-2 中，可以看到如下信息：

（1）湖北省的能源消费强度整体呈现下降的趋势，2000—2018 年，除了 2004

年出现了小幅波动之外，能源消费强度从 2000 年的 0.8 吨标准煤/万元 GDP，降低到 2018 年的 0.21 吨标准煤/万元 GDP。这说明湖北省的能源消费的效率一直处于提升状态之中。单位 GDP 的碳排放处于下降趋势之中。

（2）在把能源消费总量放入能源消费效率坐标中时，可以看到 2000—2018 年间，湖北省的能源消费绝对量一直是上升状态。湖北省能源消费量由 2000 年的 5023.67 万吨标准煤到 2018 年的 14074.61 万吨标准煤，总体增长约 180.16%，以年均 10%的速率增长。截至 2018 年，湖北省能源消费一直保持持续增长状态，并于 2018 年达到最高值 14074.61 万吨。

能源消费总量和能源消费强度的趋势状态可以由图 9-2 清晰展示出来。

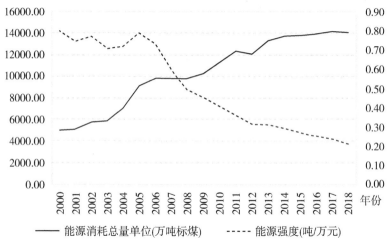

图 9-2 湖北省 2000—2018 年碳排放量和碳排放强度变化情况

资料来源：历年《湖北省统计年鉴》，能源强度是按照能源消费强度公式计算所得。

（三）湖北省碳排放强度情况

碳排放强度情况表征用碳排放强度来表示。在计算上，碳排放强度的计算采用该地概念碳排放的总量除以该年的 GDP 得到。即：

碳排放强度=碳排放总量/GDP

依据上述计算公式，湖北省历年碳排放强度状态见表 9-3。

表 9-3   湖北省 2000—2018 年碳排放强度情况

年份	碳排放强度(吨/万元)	年份	碳排放强度(吨/万元)
2000	0.49	2010	0.25
2001	0.46	2011	0.22
2002	0.47	2012	0.19
2003	0.43	2013	0.19
2004	0.44	2014	0.18
2005	0.48	2015	0.17
2006	0.45	2016	0.15
2007	0.37	2017	0.14
2008	0.30	2018	0.13
2009	0.28		

由表 9-3 可以看出，2000—2018 年，湖北省碳排放强度总体呈现出波浪式下降趋势。湖北省碳排放强度由 0.49 吨/万元下降至 0.13 吨/万元，年均碳排放强度约为 0.31 吨/万元。碳排放强度的下降反映了经济生产效率的提高，生产单位 GDP 中排放的二氧化碳的量变少了。表 9-3 的信息可以用图 9-3 直观表示出来。

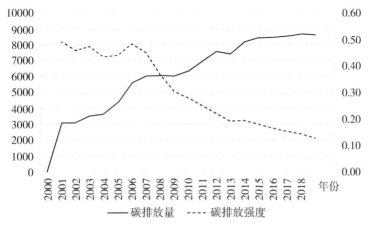

图 9-3　2000—2018 年湖北省碳排放量和碳排放强度变化情况

(四)湖北省各地级市碳排放总量情况

湖北省各地级市 2017 年碳排放量总量和人均碳排放量总量数据见表 9-4。其中，由于仙桃市的有关数据无法获得，因此表 9-4 反映了除仙桃市以外的湖北省各地级市(区)2017 年碳排放量数据。

表 9-4　　　　　　**湖北省各地级市 2017 年碳排放量(万吨)**

地级市(区)	碳排放量(万吨)	人均碳排放量(万吨/万人)
武汉	3213.380986	2.949977496
襄阳市	1169.300351	2.068094006
荆门市	855.5258718	2.948564094
宜昌市	730.4949846	1.766357928
黄石市	626.2780194	2.535025377
潜江市	589.5620154	6.109450937
咸宁市	497.569392	1.962720966
荆州市	474.5881206	0.841214741
孝感市	362.2113612	0.736950887
鄂州市	289.4424516	2.687737502
恩施州	261.4142646	0.77778716
随州市	228.339162	1.032975173
黄冈市	166.9350222	0.263262927
十堰市	104.3766	0.305373318
天门市	91.0409544	0.709317915
神农架林区	7.582653	0.987324609

表 9-4 中提供了如下信息：

(1)各地市中的碳排放总量的差异较大。这反映了湖北省各地经济发展的不平衡性。排在前三位的是武汉市、襄阳市、荆门市，碳排放量分别是3213.380986 万吨、1169.300351 万吨和 855.53 万吨，排在末位的是神农架林区，碳排放量只有 7.58 万吨。湖北省 16 个地市的碳排放总量可以用图 9-4 直观展示出来。

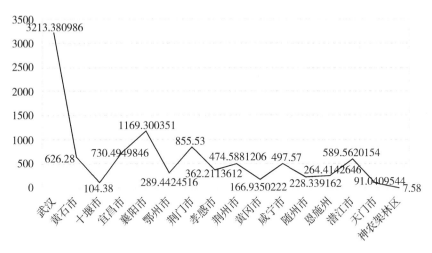

图 9-4　2017 年湖北省各地级市碳排放量(万吨)

（2）各地级市中的人均碳排放量存在较大差距。排在前三位的是潜江市、武汉市、荆门市，人均碳排放量分别是 6.109450937 万吨/万人、2.949977496 万吨/万人、2.948564094 万吨/万人，黄冈市的人均碳排放量最小，人均碳排放量只有 0.263262927 万吨/万人。湖北省 16 个地市的人均碳排放量可以用图 9-5 直观展示出来。

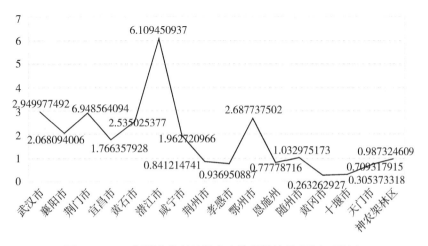

图 9-5　2017 年湖北省各地级市人均碳排放量(万吨/万人)

（3）湖北省中长期的经济增长对能源的高需求和以煤为主能源消费结构，导致了二氧化碳排放总量将持续增长。但是，在不同经济增长和不同能源规划下，湖北省各地级市不同的能源结构使得二氧化碳排放量差异显著。清洁能源战略的调整和积极的能源环境政策引导，能够明显地改善能源消费结构，降低煤炭的消费比例，降低二氧化碳增量。

四、湖北省二氧化碳排放因素的实证分析

（一）变量选择

从国内外研究的现状来看，学者们认为影响二氧化碳排放的因素是多方面的。各项研究结果表明，碳排放水平的影响因素众多，包括能源消费结构、能源消费强度、经济发展水平、人口规模、产业结构等。然而碳排放水平的变化并不是某一个因素单独作用的结果，而是各方面因素共同作用的结果。因此本研究将按照能源消费、经济发展水平、人口规模和产业结构这四个维度的基础上，选择合理的指标来进行17个地级市的面板数据实证分析，完成对湖北省二氧化碳排放因素的检验和探测过程。在具体指标的采取上，由于准备利用人均指标来表征这些维度，如果将人口规模维度考虑进去的话，可能带来研究中存在共线性和内生性问题。所以，最终考虑的维度只包括能源消费，经济发展水平和产业结构三个方面。

这些维度和碳排放之间的相互作用机制大致如下：

（1）能源消费。能源消费对碳排放的影响主要体现在能源结构上，当能源结构中，石化能源的比重很大、太阳能、风能、核能等清洁能源的比重很小的情况之下，能源消费的总量越大，则碳排放的量也越大。作为实证检验碳排放和能源消费的关系，本章对能源消费采取人均能源消费量来表征。

（2）经济发展水平。经济发展水平对碳排放的影响大致为经济发展水平越高，能够支配和运用的能源的种类和数量也越高，这个时候，在能源结构没有发生根本变化，还是以石化能源结构为主体的状态之下，可能就造成经济越发展而碳排放的总量会增加。当然，这是事情的一个方面，另一方面是当经济发展水平很高的时候，人的需求更多地表现为以精神需求为主，对物质上的需求反而减

少，这个时候，更多的都是满足自身情感和自我实现的需求，对物质满足依赖的减少反而会使得碳排放的量的减少。这是经济发展水平对碳排放影响的两个方面，在特定的时期，碳排放只能以某一种特征为主，这个是确定无疑的，中国当前尽管经济总量是世界第二大经济体，但是从人均的角度而言，中国依然是世界上最大的发展中国家，中国的经济发展依然还处于对于物质生活的追求过程中，因此，中国经济发展水平可能依然是中国碳排放量增加的一个重要因素。在表征经济发展水平上，本章采取人均 GDP 来表征经济发展水平，不采用总量 GDP 的主要原因是人均才能够更好地反映一个人控制和运用资源的能力，可能真实地反映人的生活和生存状态。

（3）产业结构。在产业结构维度上，在农业为主体的社会结构中和以服务业无主体的产业结构中，对能源的需求相对较少，这造成碳排放的量可能相对较小。而对于以制造业为主体的产业结构而言，由于对能源的依赖，会形成大规模的碳排放状态。鉴于这个特点，本章采用第二产业产值占总产业产值来表征产业结构，通过观察第二产业占比来实证其对碳排放的影响。

（4）碳排放效果。这个是因变量。碳排放效果利用人均碳排放量来进行表征。

综上所述，湖北省碳排放影响因素的有关变量和指标选择见表9-5。

表9-5　　　　　　　　湖北省碳排放影响因素指标选择表

变量类型	符号	维度	变量选择
因变量	CO_2	碳排放效果	人均碳排放量
自变量	PG	能源消费	人均能源消费量
	EI	经济发展水平	人均 GDP
	SI	产业结构	第二产业占比

（二）模型构造

按照最小二乘法的基本要求，本章节采取全对数模型构造如下计量模型：

$$\ln CO_2 = \alpha_0 + \alpha_1 \ln PG + \alpha_2 \ln EI + \alpha_3 \ln SI + \varepsilon$$

由于是采取的全对数模型，上述模型中的系数实际上反映的是自变量对因变量的弹性。

（三）数据结论及解读

在对湖北省 17 个地级市 2000—2018 年的数据在 Spss 软件之下进行操作，得到决定性系数（R^2）表 9-6 和方差分析表 9-7。

表 9-6   **Spss 软件计算出来的 R^2 表**

模型	R	R^2	调整 R^2	标准估计的误差	更改统计量				
					R^2 更改	F 更改	$df1$	$df2$	Sig. F 更改
1	1.000^a	1.000	1.000	0.00532	1.000	1120537.950	3	155	0.000

注：a 预测变量：（常量），InSI，InPG，InEI。

表 9-7   **方差分析表**

	模型	平方和	df	均方	F	Sig.
1	回归	95.212	3	31.737	1120537.950	0.000^b
	残差	0.004	155	0.000		
	总计	95.216	158			

注：a. 因变量：InCO$_2$。

b. 预测变量：（常量），InSI，InPG，InEI。

在表 9-6 中，显示模型的决定系数 R^2 约等于 1。在方差分析表 9-7 中，sig. 的值约等于 0。这意味着在 $\alpha < 0.01$ 的水平上，方程是显著成立的。

依据计算结果，回归模型如下：

$$\ln CO_2 = -0.48 + 1.001\ln PG - 0.001\ln EI + 0.01\ln SI$$

F 统计量和所有解释变量均在 1% 显著性水平下显著，表明模型拟合结果较好。

由各指标回归系数可以看出，能源消费量和产业结构都促进了碳排放的增长，而人均 GDP 的增加，减少了二氧化碳的排放量。人均能源消费，人均 GDP 和第二产业占比没提高一个点，会引发二氧化碳排放量分别增加 100 个点，减少

1 个点和增加 1 个点。可见,在湖北省影响二氧化碳排放的主要因素是能源的消费。人均收入水平和碳排放负相关的事实,也说明了,湖北省生活水平的改善有助于碳排放的减少。第二产业结构引发的碳排放效应开始减弱。

五、结论和建议

(一)基本结论

本章通过湖北省 17 个地级市 2000—2018 年的面板数据分析了影响湖北省碳排放的主要因素。研究发现,引发湖北省碳排放的主要因素是湖北省能源的消费,其次是第二产业的占比。而人均收入的增加对碳排放具有减少的效果,也就是说,人民富裕程度的增加有利于二氧化碳排放量的减少。由于湖北省的工业化、城镇化进程在继续推进,湖北省经济增长中能源消费量在短期内无法降低下来,这造成湖北省碳排放的下降还要多下功夫,要实现湖北省碳减排的任务依然任重道远。

(二)政策对策和措施

基于上述研究实证分析结论,作为绿色发展经济,推动碳减排的对策和措施包括:

1. 调整湖北省的能源结构

湖北省的能源消费中,煤炭在能源消费总量中占 70%,[①] 石化能源在湖北省能源结构中占主要部分。在经济增长继续持续,对能源消费总量继续增加的情况之下,湖北省的碳排放就无法降低下来,因此,要实现碳排放量的下降的重要措施就是调整湖北省的能源结构,降低石化能源在湖北省能源结构中的比重,让各种清洁能源,例如核能、水能、太阳能、风能等清洁能源在湖北省能源结构中的比重提升。事实上,湖北省具有发展水能的强大优势,作为千湖之省,湖北省内河流众多,大的河流包括长江、汉江、清江等,湖北省的水力储能非常丰富,可以加大水力能源的投资和开发力度。同时,湖北省的九宫山、大别山、秦巴山脉

① 国家统计局国民经济综合统计司. 新中国六十年统计资料汇编[M]. 北京:中国统计出版社,2010:18-21.

都是中部大山，平原地区忽然突兀出来的山地，风力非常强大，具有发展风力的良好条件。这些都是湖北省调整化石能源在整体能源结构中比重的潜力机会。

2. 调整产业结构，降低第二产业的比重

第二产业作为制造业在国民经济中具有重要的作用，但是作为地处长江中下游平原的湖北省由于地理上的天然区位优势，从资源禀赋的角度而言，湖北省发展产业的优势还是第一产业。但是，第一产业只能满足于维持基本生存，无法实现致富的目标，因此，在产业结构选择上，湖北省有必要选择在依托第一产业优势的基础上，实现第一产业的深加工和精加工产业，这些产业以农业为依托，有利于减少湖北省的碳排放。并且依托现在的电子商务，可以把产品面向全国和世界市场，从而形成自己的特色产业。更加详细来说，可以依靠工业化和信息化对传统产业进行改造，降低传统产业中高能耗、低效率、高排放产业的比重。同时通过发展新兴战略产业，特别是清洁能源产业，环保产业及其技术的开发和发展，促进产业结构的转型，实现降低能耗的目的。

3. 加大技术改造的力度，充分利用低能耗、无污染生产技术替代耗能，低效率生产技术。

需要对湖北省现有的产业技术结构进行摸底调查，并制定出产业整改的具体目标和方向。对于采用清洁能源实现生产的企业进行奖励和表彰，对落后低效率产能的技术进行淘汰。并且加大清洁能源技术的技术创新和研发的投入力度，通过贴息、低息、奖励等多种措施，为清洁能源的开发和创新提供资金，形成标杆效应，影响其他企业的行为，并最终形成社会合力。湖北省需要建立完整的能源质检中心，为企业的发展提供权威指导，推广新能源技术的运用，鼓励民营企业进入能源领域的壁垒，形成全社会全面减少碳排放的合理，为建设环境优美的生态服务。

4. 健全全民行动体系，激发现代化环境治理活力

生态环境本质上是大家的环境，不是某一个人的环境，不是某一个企业的环境，也不是政府的环境。因此，对生态环境的建设需要吸引全社会共同参与，只有所有人都齐心协力参与，生态环境的建设才可以建设好。因此，培育公民的参与意识和自觉意识，是政府的责任，这些也是每个人根植于美好生活自身所必须具备的素质。在这方面，可以通过定期或不定期的各种社会生活建设活动来实现

公众参与的动员、宣传，鼓励公众参与生态保护，最终实现人、自然和社会的和谐相处。公众的积极参与也有利于在生产方式和生活方式上实现低碳、绿色和环保的功能，为企业进行绿色营销提供一个友好的社会氛围，最终让生态环境是每个人的责任的意识深入人心，成为每个公民的自觉义务。

参考文献

[1]蔡昉，都阳，王美艳．经济发展方式转变与节能减排内在动力[J]．经济研究，2008(6)．

[2]蒋金荷，徐波．能源强度分解方法综合评价和中国能源的实证分析[A]．中国社会科学院经济政策与模拟重点研究室．经济政策与模拟研究报告[M]．北京：经济管理出版社，2009．

[3]陆虹．中国环境问题与经济发展的关系分析——以大气污染为例[J]．财经研究，2000(10)．

[4]徐国泉，刘则渊，姜照华．中国碳排放的因素分解模型及实证分析：1995—2004[J]．中国人口·资源与环境，2006(6)：158-161．

[5]《气候变化国家评估报告》编委会．气候变化国家评估报告[A]．科学出版社，2007．

[6]韦保仁．中国能源需求与二氧化碳排放的情景分析[A]．中国环境科学出版社，2007．

[7]徐斌，陈宇芳，沈小波．清洁能源发展、二氧化碳减排与区域经济增长[J]．经济研究，2019(7)．

[8]全世文，袁静婷．我国经济增长与碳排放之间的变协整与阈值效应[J]．改革，2019(2)．

[9]包群，彭水军．经济增长与环境污染：基于面板数据的联立方程估计[J]．世界经济，2006(11)．

[10]余东华，张明志．"异质性难题"化解与碳排放 EKC 再检验——基于是门限回归的国别分组研究[J]．中国工业经济，2006(7)．

[11]黄蕊，王铮，丁冠群．基于 STIRPAT 模型的江苏省能源消费碳排放影响因素分析及趋势预测[J]．地理研究，2016(4)．

[12] 欧维新, 张振, 陶宇. 长三角城市土地利用格局与 PM(2.5)浓度的多尺度
关联分析[J]. 中国人口・资源与环境, 2019(7).

[13] 燕华, 郭运功, 林逢春. 基于 STIRPAT 模型分析 CO_2 控制下上海城市发展
模式[J]. 地理学报, 2010(8).

[14] 张琳杰, 崔海洋. 长江中游城市群产业结构优化对碳排放的影响[J]. 改革,
2018(11).

[15] 马晓君, 董碧滢, 于渊博. 东北三省能源消费碳排放测度及影响因素[J].
中国环境科学, 2018(8).

[16] 林伯强, 蒋竺均. 中国二氧化碳的环境库兹涅茨曲线预测及影响因素分析
[J]. 管理世界, 2009(4).

[17] 张琳杰, 崔海洋. 长江中游城市群产业结构优化对碳排放的影响[J]. 改革,
2018(11).

[18] 林伯强, 刘希颖. 中国城市化阶段的碳排放: 影响因素和减排策略[J]. 经
济研究, 2010(8).

[19] 孙艳伟, 李加林, 李伟芳. 海岛城市碳排放测度及其影响因素分析——以浙
江省舟山市为例[J]. 地理研究, 2018(5).

[20] Ang B. W.. Decomposition Analysis for Policy Making in Energy: Which is the
Preferred Method[J]. Energy Policy, 2004, 32.

[21] Cole, M. A., Rayner, A. J., Bates, J. M.. The Environmental Kuznets Curve: An
Empirical Analysis[J]. Environment and Development Economics, 1997, 2.

[22] Dasgupta, S., Laplante, B., Wang, H., Wheeler, D.. Confronting the
Environmental Kuznets Curve[J]. Journal of Economic Perspectives, 2002, 16.

[23] Dietz T., Rosa E. A.. Rethinking the Environmental Impacts of Population,
Affluence, and Technology[J]. Human Ecology Review, 1994, 1.

[24] Ehrlich, P. R., Holdren, J. P.. Impact of Population Growth[J]. Science,
1971, 171.

[25] Friedl, B., Getzner, M.. Determinants of CO_2 Emissions in a Small Open
Economy[J]. Ecological Economics, 2003, 45.

[26] Galeotti, M., Lanza, A.. Desperately Seeking (Environmental) Kuznets[J].

Working Paper, 1993.

[27] Galeotti, M., Lanza, A., Pauli, F.. Reassessing the Environmental Kuznets Curve for CO_2 Emissions: A Robustness Exercise[J]. Ecological Economics, 2006, 57.

[28] Grossman, G. M., Krueger, A. B.. Environmental Impacts of a North American Free Trade Agreement[J]. National Bureau of Economic Research Working Paper, 1991(3914).

[29] Holtz-Eakin, D., Thomas M. Selden. Stokingthe Fires? CO_2 Emissions and Economic Growth[J]. Journal of Public Economics, 1995, 57.

[30] IEA. Energy Technology Perspectives 2008 Scenarios and Strategies to 2050[R]. IEA, Paris, 2008.

[31] IPCC. Climate Change 2007: The Physical Science Basis of Climate Change. Contribution of Working Group I to the Fourth Assessment Report of the Intergovernmental Panel on Climate Change, http://www.ipcc.ch/, 2007.

[32] Lantz V., Feng Q.. Assessing Income, Population, and Technology Impacts on CO_2 Emissions in Canada, Where's the EKC [J]. Ecological Economics, 2006, 57.

[33] Martin Wagner. The Carbon Kuznets Curve: A Cloudy Picture Emitted by Bad Econometrics[J]. Resource and Energy Economics, 2008, 30.

[34] Martinez-Zarzoso, I., Bengochea-Morancho, A.. Pooled Mean Group Estimation for an Environmental KuznetsCurve for CO_2[J]. Economics Letters, 2004, 82.

[35] Moomaw W. R., Unruh G. C.. Are Environmental Kuznets Curve Misleading US? The Case of CO_2 Emissions, Special Issue on Environmental Kuznets Curves[J]. Environmental and Development Economics, 1997, 2.

[36] Munasinghe Mohan. Making Economic Growth More Sustainable[J]. Ecological Economics, 1995, 15.

[37] Panayotou, T., Sachs, J., Peterson, A.. Developing Countries and the Control of Climate Change: A Theoretical Perspective and Policy Implications[J]. CAER II DiscussionPaper, 1999(44).

[38] Shafik, N., Bandyopadhyay, S.. Economic Growth and Environmental Quality:

Time Series and Cross-country Evidence[J]. World Bank Policy Research Working Paper, 1992(904).

[39] Selden, T. M., Song, D.. Environmental Quality and Development: Is There a Kuznets Curve for Air Pollution Emissions [J]. Journal of Environmental Economics and Management, 1994, 27.

[40] Yoichi Kaya. Impact of Carbon Dioxide Emission on GNP Growth: Interpretation of Proposed Scenarios. Presentation to the Energy and Industry Subgroup, Response Strategies Working Group[R]. IPCC, Paris, 1989.

[41] B. W. Ang, Zhang, F. Q., Choi, K. H.. Factorizing changes in energy and environmental indicators through decomposition [J]. Energy, 1998, 23 (6): 489-495.

[42] B. W. Ang. The LMDI approach to decomposition analysis: a practical guide[J]. Energy Policy, 2005, 33(7): 867-871.

[43] Zhang Zhongxiang. The Economics of Energy Policy in China: Implications for Global Climate Change [M]. Cheltenham, UK: Edward Elgar Publishing Limited, 1998.

第十章　湖北省生态环境经济形势的
空间效应分析

一、问题的提出

改革开放 40 多年来，中国在经济增长上取得了长足的进步。GDP 的总量从 1982 年的 5373 亿元人民币，到 2020 年为 101.59 万亿元人民币，成为了全球第二大经济体。在经济飞速发展的同时，中国的生态环境出现了恶化的势头。土壤污染、水污染、重金属污染、大气污染的案例让人触目惊心。很多地方都走上了先污染后治理的经济发展路径上去了。为了治理生态环境，各个地方往往把生态环境的治理当成本地的目标和任务，限于到本位主义故步自封的地步，很少想到生态环境在空间上的冲击效应和扩散效应。水、大气等都是一个区域上发生的，依靠一个本地的治理很难达到宏观生态环境好转的目标。要实现习近平总书记提出的"青山绿水也是金山银山"的目标，需要在区域上，从宏观上对生态环境的空间效应进行分析，进而依据于这些结论有针对性制定对策，实现宏观生态环境好转的目标。

鉴于上述原因，本研究将立足于生态环境的空间效应分析，来力图从区域的角度有针对性提出解决生态环境优化的对策和措施，为宏观经济决策提供一定的参考和支持。

二、生态环境的度量

生态环境作为一个宏观变量，是指影响人类生存与发展的水资源、土地资源、生物资源以及气候资源数量和质量的总称，是关系到社会与经济持续发展的复合生态系统。由于它是一个系统性的综合概念，因此，要反映和表征生态环境必须采取各个系统之中都普遍存在的因素，本研究认为，这个因素就是碳排放强度。采取碳排放强度来表征生态环境的原因在于：从物理特征上看，生态环境是一个碳循环为主要循环的系统。碳在大气、土壤、人类社会、水、生物之间通过碳循环链条构成了一个整体。因此，要反映生态环境的问题，只能通过碳排放才可以最终把握住生态环境的本质。生态系统的失衡一般也是碳失衡的过程。

自全球工业化以来，全球的碳排放带来的温室气体排放引发了全球变暖，海平面上升，以至于气候出现极端现象，这些都对生态环境造成了灾难。为此，世界各国把碳排放的减少作为生态环境治理的主要依据。在《巴黎协定》（2016 年）中，170 多个国家承诺减少温室气体的排放以控制全球气温上升。在中国，2006年中国地级以上城市的二氧化碳排放量就已经超过了全国的 50%。2016 年中美峰会中提出 2030 年中国二氧化碳达峰。

因此，要对生态环境进行度量，最好的指标就是碳排放强度。碳排放强度指标不仅反映的是一个国家或地区经济发展过程中资源利用效率，还反映了其生产技术效率水平。

三、生态环境的空间效应理论基础

(一)碳排放与气候变化

碳排放是指在生产等人类活动中产生了含碳气体，并且释放到空气中，对环境产生影响的外部性活动。碳的产生主要来源于化石燃料的燃烧。在化石燃料燃烧时，自然界中的部分碳元素将会转化成二氧化碳、一氧化碳等含碳气体，这其中主要的形式是二氧化碳，因此，碳排放一般是指二氧化碳的排放。

工业革命以来，由于化石燃料的大量使用以及日趋复杂的人类活动，二氧化碳的浓度呈不断上升趋势，带来了全球的气候变化和环境问题。碳排放的增加不仅会导致冰川融化和生物生存环境恶化，还会造成极端天气的增加，威胁着生态系统的平衡和人类的生存。在 2005 年，二氧化碳的浓度约为 379ppm，远大于工业时代之前的水平。研究表明，2%~30% 的物种会因为二氧化碳造成的平均气温上升而遭到灭绝。

由于碳在土壤，水，大气，生物链中的循环，这就带来了人类产生的碳排放会随着大气，水，生物链的迁移，而在空间地域上实现空间的扩散和冲击效应。局域的生态环境治理无法解决整体的生态环境问题。这种碳的冲击和扩散效应构成了本研究的理论基础之一。

(二)碳排放的经济影响分析

尽管不同国家中经济发展的进程存在差异，但是一般来说，人类社会面临的都是生存和发展的问题。一方面如果进行不进行碳排放，经济就无法实现增长，人类社会生存和发展的问题无法解决；另一方面如果人类社会大规模进行碳排放，则会对生态环境造成严重影响。这就使得人类必须在尽量采取低碳技术来实现经济的增长，在保护生态环境的状态之下，来实现经济的增长。这就需要对碳排放在空间上的扩散效应进行评估，才可以相应采取对策。这构成了本研究的另一个理论基础。

碳排放对经济的影响是通过碳排放与环境库兹涅茨曲线展示出来。环境库兹涅茨曲线是由美国经济学家库兹涅茨提出的，呈倒 U 形的曲线，反映了经济发展和环境污染之间的关系。环境库兹涅茨曲线表明，当污染量处于一个较低的水平时，一个国家收入的增加会对环境产生负面影响，但是这种负面影响不会一直存在。当环境污染达到一定程度以后，收入的增加反而会对环境产生正面影响。在环境库兹涅茨曲线中，也包含了与碳排放相关的指标。经济收入水平是碳排放量的主要影响因素之一，因为在于随着经济的发展，技术的更新使得清洁生产成为可能，也在于因为经济发展带来产业结构的转型升级，以高新技术产业为主的服务业对能源的消耗较少，有利于碳排放量的减少和环境的改善。

从碳排放的角度出发，简化的库兹涅兹模型：

$$C = a + b_1Y + b_2Y^2 + b_3Y^3 + e.$$

其中，C 是二氧化碳排放量，Y 为经济增长(如人均 GDP)等指标，这样可以通过系数 b_1、b_2 和 b_3 的不同来显示出经济增长和碳排放量之间的关系。

四、湖北省生态环境空间效应实证分析

(一)实证分析的技术线路和数据来源

在实证分析中，本研究将利用 Geoda 软件来进行空间效应的分析过程。空间

效应分析分为两个过程，第一个过程在于检测全域空间相关性。它通常由全域莫兰指数来完成。第二个过程是空间统计分析，检验空间冲击效应和扩散效应的强度，依赖于空间误差模型或者空间滞后模型来完成。

本章节以湖北省的生态环境来研究生态环境的空间效应。原因在于：

第一，湖北省的地形多样化具有典型性。湖北省处于我国地势的第二阶梯和第三阶梯过渡地区，地形复杂多样，以山地为主，大约占面积的55.5%，高低差距很大。从面积上来看，湖北省东西约740千米长，南北约470千米宽，面积约18.59万平方公里。复杂的地形和多样的环境使得湖北省各个区域呈现出不同的特点，这种地形具有典型性和多样性。

第二，湖北省区位的重要性。湖北省地区中国中部，长江从西往东从其中贯穿而过，京广铁路是中国南北交通的大动脉，也是湖北从北部到南部的大通道。这种交通枢纽性省份带来了湖北省是中国的物资集散中心和枢纽的地位。由碳中和带来的生态环境交换在湖北具有典型性。

本研究的数据来源2010—2017年《湖北省统计年鉴》。

(二)空间统计分析

空间统计分析通过全局莫兰指数来完成的。空间统计主要解决对全局是否存在空间效应进行检验。全局莫兰指数公式如下：

$$I = \frac{n\sum\limits_{i=1}^{n}\sum\limits_{j=1}^{n}w_{ij}(x_i - x)(x_j - x)}{\sum\limits_{i=1}^{n}\sum\limits_{j=1}^{n}w_{ij}\sum\limits_{i=1}^{n}(x_i - x)} = \frac{\sum\limits_{i=1}^{n}\sum\limits_{j=1}^{n}w_{ij}(x_i - \overline{x})(x_j - \overline{x})}{s^2\sum\limits_{i=1}^{n}\sum\limits_{j=1}^{n}w_{ij}}$$

其中，I是莫兰指数，n为观测点个数，w_{ij}为空间权重矩阵，x_i和x_j代表地区i和j变量数值，$\overline{x} = \frac{1}{n}\sum\limits_{i=1}^{n}x_i$是$x_i$的平均值，$s^2 = \frac{1}{n}\sum\limits_{i=1}^{n}(x_i - \overline{x})$是$x_i$的方差。

莫兰指数的取值范围为[-1, 1]，正数表示空间集聚分布特征，即存在空间正相关性，值越大集聚特征越明显；负数表示空间发散分布特征，即存在空间负相关性，值越小发散特征越明显；等于0表示空间的随机分布特征，即不存在空间相关性。

通过Geoda软件计算的2010—2017年湖北省碳排放的莫兰指数情况见表

10-1。在表 10-1 中，莫兰指数在这八年间均为负值，基本稳定在-0.2 的数值上，随时间有轻微下降趋势，说明湖北省的碳排放在空间上存在一定的负相关情况。根据莫兰指数的变动情况，湖北省内各地级市存在较少的高-高或低-低的聚集现象，即某特定区域的碳排放强度较高，其相邻区域碳排放强度同样较高，或者某特定区域碳排放强度较弱，其相邻区域碳排放强度同样较弱。在空间分布上来看，碳排放量高的地级市与碳排放量低的地级市相邻或者碳排放量低的城市与碳排放量高的地级市相邻。作为一种解释，造成整个现象可能与湖北省积极响应国家号召，实行低碳政策有关。

表 10-1   **Moran's I 估计及显著性**

年份	Moran's I(莫兰指数)	Var(I)	Z 值	P 值
2010	-0.201	0.103	-1.349	0.089
2011	-0.193	0.115	-1.138	0.128
2012	-0.187	0.118	-1.057	0.145
2013	-0.187	0.113	-1.099	0.136
2014	-0.181	0.112	-1.050	0.147
2015	-0.192	0.101	-1.281	0.100
2016	-0.178	0.097	-1.191	0.117
2017	-0.161	0.091	-1.076	0.141

注：所有年份 Moran's I 统计量的期望值均为-0.063。

(三)空间计量模型实证分析

空间计量模型利用湖北省 2010—2017 年 17 个地级市的面板数据进行分析。第一步使用 Hausman 检验来检验固定效应模型和随机效应模型的合理性，第二步使用空间误差模型(SEM)进行回归分析。

1. 有关变量说明如下：

(1)被解释变量——GDP。本章节采用某城市在当年的 GDP 总量的对数值来作为被解释变量。GDP 作为衡量经济发展最重要的指标之一，也能够有效反映出每个城市的经济发展水平。由于面板数据的空间回归模型需要完整的数据，本章将部分缺失值进行插补，方法是采取临近年份的线性平均内插。

（2）解释变量——二氧化碳排放量（CO_2）。二氧化碳排放量能够反映出一个地区的生态环境状况。本章节对部分缺失数值进行补齐，方法是采取临近年份的线性平均内插。

（3）控制变量——固定资产投资额（K）。固定资产投资对经济增长有着十分显著的影响，本章节通过控制固定资产投资这个变量来更好地显示出二氧化碳排放量对经济增长的影响。

2. 模型选择——空间 Hausman 检验

进行 Hausman 检验的目的在于确定采取固定效应模型还是采取随机效应模型。在 stata16 软件之下对数据库进行 Hausman 检验的结果见表 10-2。

表 10-2　　　　　　　　　　　　　　Hausman 检验

VARIABLES	（1）Main	（2）Wx	（3）Spatial	（4）Variance
$\ln CO_2$	0.0381*	0.0404	—	—
	(0.0201)	(0.0314)		
$\ln K$	0.150***	0.0492	—	—
	(0.0455)	(0.0530)		
rho	—	—	0.642***	—
			(0.0589)	
sigma2_e	—	—	—	0.00149***
				(0.000201)
Constant	1.962***	—	—	—
	(0.398)			
Observations	136	136	136	136
R-squared	0.271	0.271	0.271	0.271
Number of id	17	17	17	17

注：***表示 $p<0.01$，**表示 $p<0.05$，*表示 $p<0.1$。

空间 Hausman 测试可以有效地校正空间面板数据下经典 Hausman 测试的水

平失真，但是随着空间相关性和样本大小的增加，水平失真会偏离理想值；辅助回归空间 Hausman 检验始终保持理想的水平失真。通过 Hausman 检验，发现 p 值为 0.02，小于 0.05 的临界值，因此采用固定效应模型进行回归。本章接下来的模型分析均建立在固定效应的基础上。

3. 空间误差模型的 SEM 实证分析

在 Stata16 软件之下，计算空间误差模型(SEM)得到如表 10-3 所示的结果。

表 10-3   空间 SEM 模型回归结果

SEM with spatial and time fixed-effects

Number of obs = 136

Number of groups = 17

Panel length = 8

Group variable: id

Time variable: year

R-sq: within   = 0.9457

         between = 0.2131

         overall = 0.2808

Mean of fixed-effects =   9.5181

Log-likelihood =   292.7907

lnGDP	Coef.	Std. Err.	z	$P>\mid z\mid$	[95% Conf. Interval]	
Main						
$lnCO_2$	0.025538	0.142501	1.79	0.073	−0.00239	0.053468
lnK	0.126455	0.0380359	3.32	0.001	0.051906	0.201004
Spatial						
lambda	−0.42707	0.1312346	−3.25	0.001	−0.68428	−0.16985
Variance						
sigma2_e	0.00076	0.0000939	8.09	0.000	0.000576	0.000944

空间 SEM 模型显示，在控制了固定资产投资变量以后，二氧化碳排放量与 GDP 之间存在着显著的正向相关关系，即二氧化碳排放量每增加 1%，GDP 将会

增加 0.025538%。这显示了二氧化碳排放量和经济发展的关系，即目前来说，GDP 的增长是以消耗更多的能源资源，产生了大量二氧化碳排放的基础上实现的。模型的 R^2 值为 0.9457，说明模型的拟合效果较好。这个结果可能是由于以下原因：一是人口数量大，这意味着整体的经济发展模式较难改变。二是国内的能源环境的约束，这是由于我国是一个多煤炭、少油的国家，能源结构不易改变且能源利用率比较低。三是国家政策方面存在较多问题，如何制定与推动低碳政策的实施，是较大的挑战。

五、结论及政策建议

(一)研究结论

通过以上对二氧化碳和 GDP 的空间效应分析，可以得出以下基本结论：(1)二氧化碳的排放具有空间自相关性，即如果一个地区二氧化碳的浓度较高，那么这个地区的周边城市的二氧化碳浓度也会较高；(2)2010—2017 年，湖北省 17 个地级市的二氧化碳空间状况基本未发生改变；(3)在控制了固定资产投资额作为控制变量以后，二氧化碳对 GDP 有显著的空间效应，二氧化碳排放量的增加与 GDP 的增加正相关；(4)二氧化碳排放量和固定资产投资额均只对 GDP 的当期产生影响，其空间滞后项的影响不显著。

(二)政策建议

基于上述研究结论，作为政策措施，本研究给出的解决方案包括：

(1)需要省政府统筹湖北省的经济发展和规划工作。各地级市碳减排政策的实施需要重视各区域资源要素的协同，因地制宜地制定和实施相关举措，采取分地区、有重点的协同实施碳减排政策，提升节能减排治理效率。比如武汉市工业较为发达，碳排放相对较高，可以通过调整产业结构倒逼碳减排的实现。对于碳排放强度增速较为缓慢的空间集聚区，需要综合考虑对经济发展的影响，采取适当控制的措施；对于碳排放强度较高且增速较快的空间集聚区，需要重点关注，联系集聚区内各个地级市的具体情况和空间溢出效应的大小进行一定程度的控制。另外，通过对区域间碳排放溢出效应的观察，如果这种溢出机制并不能带来正向的经济增长效应的产业转移，应当采取进一步措施，对相关落后产业进行淘汰。

（2）改变能源的使用结构，采取低碳技术能源来实现经济的增长。碳排放强度与能源强度之间存在密切的联系，能源强度是指某区域年能源消耗量与当年GDP 的比值，描述的是能源的利用效率。湖北省的主要能源供给来自于煤炭，这种传统的不可再生资源的使用不仅带来了资源的消耗，对环境也产生了极大的影响。要降低经济增长中石化能源的消耗，提高能源的利用效率，降低能源强度应当受到重视。降低能源强度的一个重要路径就是提高二次能源或者清洁能源的使用，这些都属于低碳技术能源种类，减少煤炭的燃烧功能供能，比如使用太阳能、风能、生物能等可再生资源。能源使用方式的改变可以减少对环境的污染，减轻煤炭资源的运输压力。使用清洁能源、实现绿色低碳转型是大势所趋，对能源结构的调整及优化进而实现能源消费的多样性不仅仅是湖北省需要面临的任务，同时也是全国乃至全球需要关注的焦点。

（3）湖北省境内的产业布局需要规划、调整和升级。湖北省内存在高碳排放量集聚区和低排放量集聚区，对于碳排放强度呈现高-高集聚的地级市，可以建立高效的区域协调发展机制，通过集聚区域内部不同功能区域的分工协作和资源最优化组合来控制集聚区的碳排放。对于一些碳排放较大的县市，需要通过产业结构调整，采取低碳发展技术，通过产业结构升级等多手段，多层次来完成经济结构的调整，减低碳排放的强度，从而降低对其他地市的扩散和冲击效应。各地级市之间资源要素的协同作用有利于资源的配置和优化，能够降低对相邻地区碳排放强度的时空关联性。湖北省碳排放量呈现出空间集聚和分散的现象，与各地级市的经济发展情况以及资源禀赋等存在紧密的联系，因此建立协同发展机制至关重要。

（4）对于重点地级市提供资金、技术等方面的支持以有效完成碳减排的任务。湖北省内部各地级市碳排放强度之间存在较大的差异。根据 2010 年至 2017年湖北省各地级市碳排放量的数据，湖北省西部地区碳排放量较小，比如十堰市、恩施市，神农架林区的碳排放量最低，仅从 2010 年的 6.66 万吨增长到 2017年的 7.58 万吨，湖北省内天门市、仙桃市的碳排放量相对低，在 2010—2017 年中基本不超过 100 万吨的排放量。碳排放量较高的地区有武汉市、荆门市、襄阳市。例如武汉市的碳排放量最高，2010 年的碳排放已经达到 2499.95 万吨。这种高强度碳排放对周边的县市都产生了空间的扩散效应。因此，对于这些高强度碳排放县市需要激发市场和政府两个手的功能，通过市场调节和计划调节双管齐下的方式，调动各级各层次的积极性，投入资金对这些重点县市进行产业调整，技术改造，降低碳排放的强度，通过聚集区内各地级市之间的经济来往和合作交流进一步强化外部性影响，将节能减排推进落实到各个区域。

（5）广泛宣传"低碳经济""绿色经济"的概念，让这些意识能够成为社会意识。从身边小事做起，会聚各方智慧，最终完成生产方式和生活方式向低碳经济转变。低碳经济是一场全球革命，最终会影响人类的生产和生活方式。这就需要在社会上培养低碳经济的意识，并最终让这种意识变成社会意识，使得社会自觉开始低碳出行和低碳消费，在价值取向上偏向于低碳的技术生活和生产方式，完成中国碳中和和碳达峰的目标。

参考文献

[1]汪东．浙江省居民能源消费碳排放测算及特征分析[J]．环境保护科学，2020，46(6)：44-47，63．

[2]赵桂梅，耿涌，孙华平，赵桂芹．中国省际碳排放强度的空间效应及其传导机制研究[J]．中国人口·资源与环境，2020，30(3)：49-55．

[3]田成诗，陈雨．中国省际农业碳排放测算及低碳化水平评价——基于衍生指标与TOPSIS法的运用[J]．自然资源学报，2021，36(2)：395-410．

[4]吕洁华，张泽野．中国省域碳排放核算准则与实证检验[J]．统计与决策，2020，36(3)：46-51．

[5]张治会，李全新．基于解构模型的2000—2014年甘肃省碳排放核算与分析[J]．江苏农业科学，2018，46(5)：257-260．

[6]林成淼，陈丽君，吴洁珍．生活垃圾分类对固体废弃物和温室气体协同减排的影响研究——以浙江省为例[J]．环境与可持续发展，2021，46(1)：90-94．

[7]余碧莹，赵光普，安润颖，陈景明，谭锦潇，李晓易．碳中和目标下中国碳排放路径研究[J/OL]．北京理工大学学报(社会科学版)：1-10[2021-03-01]．

[8]周迪，刘奕淳．中国碳交易试点政策对城市碳排放绩效的影响及机制[J]．中国环境科学，2020，40(1)：453-464．